低碳智库译丛

国家出版基金项目
NATIONAL PUBLICATION FOUNDATION

排出量取引と省エネルギーの経済分析

日本企業と家計の現状

节能与排放量交易的经济分析
日本企业和家庭的现状

〔日〕有村俊秀　武田史郎　编著

邹洋　叶金珍　杨学成　牛淼　译

东北财经大学出版社
Dongbei University of Finance & Economics Press　｜　大连　　　日本評論社

辽宁省版权局著作权合同登记号：06-2015-158

图书在版编目（CIP）数据

节能与排放量交易的经济分析：日本企业和家庭的现状 / （日）有村俊秀，（日）武田史郎编著；邹洋等译. 一大连：东北财经大学出版社，2017.12
（低碳智库译丛）
ISBN 978-7-5654-3052-7

Ⅰ．节⋯　Ⅱ．①有⋯ ②武⋯ ③邹⋯　Ⅲ．二氧化碳－排污交易－研究－日本　Ⅳ．X511

中国版本图书馆CIP数据核字〔2018〕第011692号

东北财经大学出版社出版发行
　大连市黑石礁尖山街217号　邮政编码　116025
　网　　址：http：//www. dufep. cn
　读者信箱：dufep @ dufe. edu. cn
大连永盛印业有限公司印刷

幅面尺寸：170mm×240mm　字数：169千字　印张：13.25
2017年12月第1版　　　2017年12月第1次印刷
责任编辑：李　季　王　莹　责任校对：王　娟　那　欣
封面设计：冀贵收　　　　　版式设计：钟福建
定价：42.00元

教学支持　售后服务　　联系电话：（0411）84710309
版权所有　侵权必究　　举报电话：（0411）84710523
如有印装质量问题，请联系营销部：（0411）84710711

气候变化是当前人类面临的最大威胁，危及地球生态安全和人类生存与发展。采取应对气候变化的智慧行动可以推动创新、促进经济增长并带来诸如可持续发展、增强能源安全、改善公共健康和提高生活质量等广泛效益，增强国家安全和国际安全。全球已开展了应对气候变化的合作进程，并确立了未来控制地表温升不超过2℃的目标。其核心对策是控制和减少温室气体排放，其中主要是化石能源消费的CO_2排放。这既引起了新的国际治理制度的建立和发展，也极大推动了世界范围内能源体系的革命性变革和经济社会发展方式的转变，低碳发展已成为世界潮流。

自工业革命以来，发达国家无节制地廉价消耗全球有限的化石能源等矿产资源，完成了工业化和现代化进程。在创造当今经济社会高度发达的"工业文明"的同时，也造成世界范围内化石能源和金属矿产资源日趋紧缺，并引发了以气候变化为代表的全球生态危机，付出了严重的资源和环境代价。在全球应对气候变化减缓碳排放的背景下，世界范围内正在掀起能源体系变革和转型的浪潮。当前以化石能源为支柱的传统高碳能源体系，将逐渐被以新能源和可再生能源为主体的新型低碳能源体系所取代。人类社会的经济发展不能再依赖地球有限的矿物资源，也不能再过度侵占和损害地球的环境空间，要使人类社会形态由当前不可持续的工业文明向人与自然相和谐、经济社会与资源环境相协调和可持续发展的生态文明的社会形态过渡。

应对气候变化，建设生态文明，需要发展理念和消费观念的创新：要由片面追求经济产出和以生产效率为核心的工业文明发展理念转变到人与自然、经济与环境、人与社会和谐和可持续发展的生态文明的发展理念；

由过度追求物质享受的福利最大化的消费理念转变为更加注重精神文明和文化文明的健康、适度的消费理念；不再片面地追求GDP增长的数量、个人财富的积累和物质享受，而是全面权衡协调经济发展、社会进步和环境保护，注重经济和社会发展的质量和效益。经济发展不再盲目地向自然界摄取资源、排放废物，而要寻求人与自然和谐相处的舒适的生活环境，使良好的生态环境成为最普惠的公共物品和最公平的社会福祉。高水平的生活质量需要大家共同拥有、共同体验，这将促进社会公共财富的积累和共享，促进世界各国和社会各阶层的合作与共赢。因此，传统工业文明的发展理论和评价方法学已不能适应生态文明建设的发展理念和目标，需要发展以生态文明为指导的发展理论和评价方法学。

政府间气候变化专门委员会（IPCC）第五次评估报告在进一步强化人为活动的温室气体排放是引起当前气候变化的主要原因这一科学结论的同时，给出了全球实现控制温升不超过2℃目标的排放路径。未来全球需要大幅度减排，各国经济社会持续发展都将面临碳排放空间不足的挑战。因此，地球环境容量空间作为紧缺公共资源的属性日趋凸显，碳排放空间将成为比劳动力和资本更为紧缺的资源和生产要素。提高有限碳排放空间利用的经济产出价值就成为突破资源环境制约、实现人与自然和谐发展的根本途径。广泛发展的碳税和碳市场机制下的"碳价"将占用环境容量的价值显性化、货币化，将占用环境空间的社会成本内部化。"碳价"信号将引导社会资金投向节能和新能源技术，促进能源体系变革和经济社会低碳转型。能源和气候经济学的发展越来越关注"碳生产率"的研究，努力提高能源消费中单位碳排放即占用单位环境容量的产出效益。到2050年世界GDP将增加到2010年的3倍左右，而碳排放则需要减少约50%，因此碳生产率需要提高6倍左右，年提高率需达4.5%以上，远高于工业革命以来劳动生产率和资本产出率提高的速度。这需要创新的能源经济学和气候经济学理论来引导能源的革命性变革和经济发展方式的变革，从而实现低碳经济的发展路径。

经济发展、社会进步、环境保护是可持续发展的三大支柱，三者互相依存。当前应对气候变化的关键在于如何平衡促进经济社会持续发展与管理气候风险的关系。气候变化使人类面临不可逆转的生态灾难的风险，而这种风险的概率和后果以及当前适应和减缓行动的效果都有较大的不确定性。国际社会对于减排目标的确立和国际制度的建设是在科学不确定情况下的政治决策，因此需要系统研究当前减缓气候变化成本与其长期效益之间的权衡和分析方法；研究权衡气候变化的影响和损害、适应的成本和效果、减缓的投入和发展损失之间关系的评价方法和模型手段；研究不同发展阶段国家的碳排放规律及减缓的潜力、成本与实施路径；研究全球如何公平地分配未来的碳排放空间，权衡"代际"公平和"国别"公平，从而研究和探索经济社会发展与管控气候变化风险的双赢策略。这些既是当前应对气候变化的国际和国别行动需要解决的实际问题，也是国际科学研究的重要学术前沿和方向。

当前，国际学术界出现了新气候经济的研究动向，不仅关注气候变化的影响与损失、减排成本与收益等传统经济学概念，更关注控制气候风险的同时实现经济持久增长，把应对气候变化转化为新的发展机遇；在国际治理制度层面，不仅关注不同国家间责任和义务的公平分担，更关注实现世界发展机遇共享，促进各国合作共赢。理论和方法学研究在微观层面将从单纯项目技术经济评价扩展到全生命周期的资源、环境协同效益分析，在宏观战略层面将研究实现高效、安全、清洁、低碳新型能源体系变革目标下先进技术发展路线图及相应模型体系和评价方法，在国际层面将研究在"碳价"机制下扩展先进能源技术合作和技术转移的双赢机制和分析方法学。

我国自改革开放以来，经济发展取得了举世瞩目的成就。但快速增长的能源消费不仅使我国当前的 CO_2 排放已占世界 1/4 以上，也是造成国内资源趋紧、环境污染严重、自然生态退化严峻形势的主要原因。因此，推动能源革命，实现低碳发展，既是我国实现经济社会与资源环境协调和可持续发展的迫切需要，也是应对全球气候变化、减缓 CO_2 排放的战略选择，两者目标、措施一致，具有显著的协同效应。我国统筹国内国际两个大局，积极推动生态文明建设，把实现绿色发展、循环发展、低碳发展作为基本途径。自"十一五"以来制定实施并不断强化积极的节能和 CO_2 减排目标及能源结构优化目标，并以此为导向，促进经济发展方式的根本性转变。我国也需要发展面向生态文明转型的创新理论和分析方法作为指导。

先进能源的技术创新是实现绿色低碳发展的重要支撑。先进能源技术越来越成为国际技术竞争的前沿和热点领域，成为世界大国战略必争的高新科技产业，也将带来新的经济增长点、新的市场和新的就业机会。低碳技术和低碳发展能力正在成为一个国家的核心竞争力。因此，我国必须实施创新驱动战略，创新发展理念、发展路径和技术路线，加大先进能源技术的研发和产业化力度，打造低碳技术和产业的核心竞争力，这样才能从根本上在全球低碳发展潮流中占据优势，在国际谈判中占据主动和引导地位。与之相应，我国也需要在理论和方法学研究领域走在前列，在国际上发挥积极的引领作用。

应对气候变化关乎人类社会的可持续发展，全球合作行动关乎各国的发展权益和国际义务，因此相关理论、模型体系和方法学的研究非常活跃，成为相关学科的前沿和热点。由于各国研究机构背景不同，思想观念和价值取向不同，尽管所采用的方法学和分析模型大体类似，但各自对不同类型国家发展现状和规律的理解、把握和判断的差异，以及各自模型运转机理、参数选择、政策设计等主观因素的差异，特别是对责任和义务分担的"公平性"的理念和度量准则的差异，往往会使研究结果、结论和政策建议产生较大差别。当前在以发达国家研究机构为主导的研究结果和结论中，往往忽略发展中国家的发展需求，高估了发展中国家减排潜力而低估了其减排障碍和成本，从而过多地向发展中国家转移减排责任和义务。世界各国因国情不同、发展阶段不同、可持续发展优先领域和主要矛盾不同，因此各国向低碳转型的方式和路径也不同。各国在全球应对气候变化目标下实现包容式发展，都需要发展和采用各具特色的分析工具和评价方法学，进行战略研究、政策设计和效果评估，为决策和实施提供科学支撑。因此，我国也必须自主研发相应的理论框架、模型体系和分析方法学，在国际学术前沿占据一席之地，争取发挥引领作用，并以创新的理论和方法学，指导我国向绿色低碳发展转型，实现应对全球气候变化与自身可持续发展的双赢。

本译丛力图选择翻译国外最新最有代表性的学术论著，便于我国相关科技工作者和管理人员掌握国际学术动向，启发思路，开拓视野，以期对我国应对全球气候变化和国内低碳发展转型的理论研究、政策设计和战略部署有参考和借鉴作用。

何建坤

2015 年 4 月 25 日

↘ 译者序

　　我想对我在哈佛大学、麻省理工学院、本-古里安大学、特拉维夫大学的同事表达发自内心的感激之情，是他们激励和鼓舞我撰写本书。我深深感谢杰罗尔德·凯顿（Jerold Kayden），是他第一个把我带到哈佛大学并一直给我提出合理化建议。我还要感谢哈佛大学和麻省理工学院的那些慷慨的学者，他们深深影响着我的见解和职业生涯，具体来说，这些人包括：黛安娜·戴维斯（Diane Davis）、劳伦斯·韦尔（Lawrence Vale）、约翰·德蒙察克斯（John de Monchaux）和毕契瓦普里亚·桑亚尔（Bishwapriya Sanyal）。我也感激奥伦·耶夫塔克（Oren Yiftachel）和塔利·遥（Tali Hatuka）的无条件支持。

　　本书的写作与出版要感谢许多人的真诚帮助，特别是Springer的编辑团队，尤其是马克·德容（Mark de Jongh）和辛迪·齐特（Cindy Zitter）。我也感激杰勒米·福尔曼（Geremy Forman）的宝贵评论意见和编辑。我还要感谢我的研究助理赫利·赫希（Helly Hirsh）、娜塔莉·米奇（Natalie Mickey）及塞米昂·保利诺夫（Semion Polinov）。为了削减温室气体（green house gas，GHG）的排放量，有效应对全球气候变暖问题，经济学家提出的排放量交易制度成为各国竞相讨论或采用的环境政策。如何全面理解排放量交易制度，该制度的实施现状和效果如何，目前缺乏系统性分析，特别是定量分析很少。依托日本环境部项目"环境经济的政策研究"的资助，上智大学的有村俊秀和关东学园大学的武田史郎两位学者组织展开了"关于国际排放量交易的国际接轨带来的经济影响研究：基于应用一般均衡分析方法"的课题研究。两位学者基于该课题的研究成果，编写了《节能与排放量交易的经济分析——日本企业和家庭的现状》一书。该书的主要特点有三点：第一，结合定性分析，应用统计数据和调查数据，构建一般均衡模型和计量模型进行定量分析；第二，既对企业全球气候变暖对策的现状和改进措施进行分析，也对家庭节能行动进行经济分析；第三，既有对现状的分析，也有对前景的展望。

该书分为三大部分，共 10 章。为了帮助读者把握该书的全貌，对各章的主要目标和结论介绍如下：

（1）第 1 章介绍排放量交易国际接轨的现状和课题。局部均衡分析表明，国际接轨（包括直接接轨和间接接轨）具有很好的经济效率性，排放量交易明显减轻了经济上的负担。

（2）第 2 章介绍第 3 章模拟分析使用的应用一般均衡模型（computable general equilibrium model，CGE 模型）。随着 CGE 分析实用性的提高，在温室气体对策分析中越来越广泛地应用 CGE 模型。但是，CGE 分析结果会随着模型、数据、参数等设定前提的不同发生很大变化。因此，为了准确利用 CGE 分析，有必要把握分析前提的具体情况。

（3）第 3 章利用 CGE 模型，分析在施行后京都时代削减政策的情况下引入国际接轨对日本的影响。对各地区独自进行削减、通过排放量交易直接接轨和通过清洁发展机制（clean development mechanism，CDM）间接接轨三种模式进行了分析。分析结果表明：通过参加直接接轨，大幅降低日本排放规制对收入、GDP 带来的负面影响，欧盟 27 国不参加使日本获利，而美国、俄罗斯不参加则给日本带来损失。关于间接接轨，在核证减排量（certified emission reduction，CER）使用不受限制的情况下，随着 CER 供给量的增加，排放规制对日本收入和 GDP 产生正向影响；在 CER 使用受限的情况下，日本 CER 的供给量基本达到上限，排放规制对收入产生正面影响，而对 GDP 产生负面影响。

（4）第 4 章基于行业细分化的全球贸易分析模型（global trade analysis project，GTAP）数据，利用 CGE 模型，分析二氧化碳排放规制对产业的影响。结果表明：日本通过实现与 1990 年相比减少 25% 的减排目标，相对于照常情景（business as usual，BAU），福利减少 0.74%，GDP 减少 1.12%，出口减少 4.63%，进口减少 4.41%，达成目标时的排放权价格是 122 美元/吨二氧化碳。

（5）第 5 章基于对上市企业的问卷调查，介绍日本企业为防止全球气候变暖所采取对策的现状、动机和背景，分析日本企业对近几年受到高度关注的国际环境标准的态度。日本涉及国内企业气候变暖对策的法律制度主要有《合理利用能源相关法》和《全球气候变暖对策推进法》。除了这些法律制度，在日本国内也尝试通过排放量交易来减少温室气体的排放，如东京的排放量交易制度。在上市企业之间，温室气体减排行动正在不断扩展。然而，日本企业对近年来发布的 ISO 50001 和 ISO 26000 等环境相关的国际标准以及供应链整体排放量掌握行动等方面采取比较谨慎的态度。

（6）第 6 章介绍清洁发展机制（CDM），基于调查数据，分析日本企业利用 CDM 的现状，介绍日本国内信用制度和 J-VER 制度及企业的认识。根据调查结果可知，参与或者购买过 CDM 的企业只占上市企业的一部分；企业认为 CDM 存在一些客观方面的问题，如评审、登记、发行需要时间，需要追加性的证明等。此外，CDM 实施的地区分布不均也可能抑制企业参与 CDM 项目的积极性，参与国内信用制度和 J-VER 制度的企业都认为其吸引力主要在于社会贡献，具有成本效果优势的排放量交易制度没有被企业认可，政府应该进一步推进排放量交易制度。

（7）第 7 章介绍国际标准 ISO 14064/65 体系的内容和现状。在日本几乎没有普及该标准体系，这是现状。由于 ISO 14064 标准持有中立的立场，各国的 GHG 项目都可以适用。另外，该标准与其他标准结合使用而非单独使用可以提高效果。着眼于能源的有效利用，进行国际接轨，将来创设排放量交易市场，计算 GHG 排放的标准会发挥很好的作用。2011 年日本发布了 JIS Q 14065 标准，开始了认定机构的申请受理，有的机构获得了认定。

（8）第 8 章基于日本国内上市企业调查数据，运用计量模型，分析企业积极采用 ISO 14064 标准的决定性因素。分析结果表明，ISO 14001 标准认证的取得和 ISO 14064 标准的采用之间的关系依赖于取得 ISO 14001 标准认证后的期限，认证取得的效果在取得认证后的 10 年以内为负，此后为正。促使企业对采用 ISO 14064 标准持积极态度的因素有：位于经营部门正在引入排放量交易制度的地区；作为排放量削减的动机，考虑到消费者的购买行为；接受客户企业提出的采取排放量削减措施的要求；成为《节能法》中的特定运营商或特定连锁化运营商。对 ISO 14064 标准的采用产生负面影响的因素有：企业成立年数；向已经引入排放量交易制度出口的地区。为了促进 ISO 14064 标准的采用，可以扩大《节能法》中的目标对象，提供补助金，通过信息提供等提高对该标准的认知度。

（9）第 9 章根据家庭节能行动调查，分析节能的相关信息和行为。多数家庭关心全球气候变暖问题，而且认为有必要从自身采取行动。不同节能行动的实施率不尽相同，像"不让热水一直流"之类的容易感受到节约的节能行动的实施率高，像"打扫空调过滤器"之类的难以感受到节约的节能行动的实施率低，家庭对煤电费的节约较为关心，但没有优先执行这些节约金额较大的节能行动。这表明，有必要正确告诉家庭各项节能行动分别能节约多少煤电费。为了实现有效的信息传送，可以考虑采用以下两个方法：第一，通过广告广泛提供节能行动的相关信息；第二，在各个家庭中安装像智能仪表这样的能够确认能源使用量、煤电费的机器。

（10）第 10 章总结节能投资过低、产生"能源效率缺口（energy efficiency gap）"的原因，基于问卷调查得到的数据，实证分析家庭节能投资行动，特别关注决定家庭节能投资意向的重要因素——贴现率。为了促进家庭购买节能家电，可以对用电附加碳价格，对购买家电提供补助也非常有效。由于难以区分即使没有补助也会进行节能投资的主体和没有补助就不进行节能投资的主体，对于补助并非必要的消费者来说，补助是一种浪费财政资金的行为。

本书各章翻译的分工如下：前言、目录、第 1 章、第 4 章、第 7 章和第 8 章由邹洋负责，第 2 章和第 3 章由牛淼负责，第 5 章和第 6 章由杨学成负责，第 9 章和第 10 章由叶金珍负责。前言、目录、第 1 章、第 4 章、第 7 章和第 8 章由崔桂青校对，第 2 章和第 3 章由周亦乔校对，第 5 章和第 6 章由叶金珍和姜晓真校对，第 9 章和第 10 章由杨学成和马贝贝校对。

译稿的谬误和不妥之处，敬请指正。

邹　洋

2017 年 9 月

于日本爱知大学名古屋校区

为了防止全球气候变暖，如何减少温室气体排放，成为一个国际性课题。最近几年，排放量交易作为主要的政策手段，引人注目。从欧盟引入欧洲排放量交易制度（EU ETS）开始，世界各国都在讨论排放量交易制度的引入问题。日本东京都将引入该制度，同时日本基于国家的立场也在讨论该问题。

排放量交易虽然是经济学家创设的制度，但可以被作为现实的政策来利用，这是一个非常宝贵的例子。现在问一下经济学院的学生，他们都回答说曾听说此事，但是对实际情况可能并不充分了解。特别是，在日本国内，由于受到"资本外流论"这一毫无根据的批评、"金钱游戏批评"等一些负面的影响，可能没有从整体上理解排放量交易制度的优点。

另外，排放量交易对减少工厂和办公室的排放量是一个有效的政策，但在家庭部门难以推广。但是，家庭部门的二氧化碳排放量增加在世界上也不容忽视。因此，有必要促进家庭部门节约能源。从经济学上看有这样的解释，即如果给电力、化石燃料附加碳价格，家庭的温室气体排放量会减少。但是，有人指出，经济上具有合理性的节能政策组合和节能家电的普及难以推进，从经济学上看，节能是没有被充分理解的领域。

之所以会像这样对排放量交易产生误解，对促进家庭节能的政策理解不充分，经济学家可能也难逃其责。作为经济学整体的特点，可以说尽管有很多出色的理论分析，但是定量的经济分析尚不充分。对于环境经济学也可以这样说。本书的目标是，弥补日本环境经济学定量分析方面的不足，以全球气候变暖问题为实例进行分析，以促进环境经济学为环境政策发展做出贡献。

下面介绍本书的结构安排。第I部分（第1章至第4章）总结了经合组织（OECD）基于各国排放量交易所做的国际接轨对日本经济的影响。

第1章阐述各国国内排放量交易的引入情况，利用简单的经济模型（局部均衡模型）解释排放量交易国际接轨的经济意义。同时，介绍国际接轨体制上的因素。第2章介绍对排放量交易进行定量经济分析所采用的应用一般均衡模型。第3章利用第2章介绍的应用一般均衡模型，对排放量交易的国际接轨给日本经济带来的影响进行模拟分析。同时，分析日本企业积极运用清洁发展机制所带来的经济意义。第4章在应用一般均衡分析中，利用实例介绍行业细分的意义和方法。

通过第I部分的分析表明，所谓的"资本流出论"批评不过是仅仅看到排放量交易的一个方面，各国制度的国际接轨和清洁发展机制给日本经济整体以及产业带来了极大的好处。

第II部分（第5章至第8章）分析日本企业排放量交易的现状。第5章基于对上市企业的问卷调查，介绍日本企业为防止全球气候变暖所采取对策的现状。第6章基于与第5章相同的调查，分析日本企业利用的清洁发展机制以及由此产生的排放权。为了实现各国排放量交易制度的接轨，作为前提，各国的排放权作为同质资产应该可以交换。作为其基础，被认为重要的是国际标准 ISO 14064/65 体系。第7章介绍国际标准 ISO 14064/65 体系的内容和现状。但是，在日本几乎没有普及该标准体系，这是现状。第8章针对为普及该标准体系而采取的措施，利用计量经济学的方法进行分析。

第II部分，通过调查表明，清洁发展机制的利用仅限于部分企业。同时，排放量交易作为制度，可能没有被充分认识到。

第III部分（第9章和第10章）针对促进家庭节能的问题进行分析。第9章，根据家庭节能行动调查，分析节能信息和行为。第10章通过讨论主观贴现率，分析家庭购买节能家电的决策问题。

通过第III部分的分析表明，家庭没有充分理解节能行动的优点，节能信息的提供非常重要。此外，作为促进购买节能家电的措施，不仅对用电附加碳价格，对购买家电提供补助也非常有效。

这本书是接受日本环境部项目"环境经济的政策研究"的资助所实施的"关于国际排放量交易的国际接轨带来的经济影响研究：基于应用一般

均衡分析方法"研究项目到目前为止的研究成果的总结。研究项目的成员进行了积极的讨论,最后编成本书,对此表示感谢。环境部的河村玲央提出了各种意见并参加了研讨会。另外,在夏威夷大学、欧洲经济研究中心(ZEW)研究会、环境经济政策学会和环境经营学会大会上,很多人参加了讨论,在此表示感谢。

在项目执行和本书编写方面,得到了上智大学很多人的帮助。特别是,经济学院的杉本徹雄先生、山田幸三先生、竹田阳介先生、青木研先生以及研究机构的很多人在项目执行上给予了关照。另外,没有山崎福寿先生、蓬田守弘先生、上妻义直先生以及环境和贸易研究中心的堀江哲也先生的合作,研究成果不可能以本书的形式呈现。为了执行项目,岩塚由纪江先生和松山纯江先生做了大量事务性的工作,对此也深表谢意。

最后,本书的出版得到了日本评论社的吉田素规、武藤诚、森美智代的大力帮助,在此表示感谢。

有村俊秀
武田史郎
2012年1月

有村俊秀（ありむら・としひで）

1992年东京大学教养学部毕业。1994年筑波大学大学院环境科学研究科硕士毕业。2000年明尼苏达大学大学院经济学研究科博士课程学习完成，取得博士学位。2011年开始担任上智大学经济学部教授、上智大学环境和贸易研究中心主任、环境经济政策学会理事以及环境经营学会理事。专业是环境经济学、应用计量分析。

著书：

《环境规制的政策评价——环境经济学的定量方法》（合著，SUP上智大学出版，2011年）、《入门环境经济学》（合著，中央公论新社，2002年）等。

论文：

"Is ISO 14001 a Gateway to More Advance Voluntary Action? A Case for Green Supply Chain Management."（Journal of Environmental Economics and Management, Vol.61, pp.170-182, 2011, with N.Darnall & H.Katayama）等。

武田史郎（たけだ・しろう）

1995年早稻田大学政治经济部经济学科毕业。2003年一桥大学大学院经济学研究科博士课程学分取得退学，博士（经济学）。2007年开始担任关东学园大学经济学部副教授。专业是环境经济学、应用一般均衡分析。

著书：

《国际经济学》（秋叶弘哉编著，第12章担当，ミネルヴァ书房，2010年）。

论文：

"The Double Divident from Carbon Regulations in Japan,"（Journal of the Japanese and International Economics， Vol.21， pp.336-364， 2007）等。

↘ 执笔者介绍（按执笔顺序）

杉野诚（すぎの・まこと）
地球环境战略研究机构特任研究员

有村俊秀（ありむら・としひで）
上智大学经济学部教授、环境和贸易研究中心主任

武田史郎（たけだ・しろう）
关东学园大学经济学部副教授

山崎雅人（やまざき・まさと）
立命馆全球创新研究机构研究员

片山东（かたやま・はじめ）
早稻田大学商学学术院副教授

山本芳华（やまもと・よしか）
摄南大学经营学部副教授

井口衡（いぐち・はかる）
上智大学大学院经济学研究科经营学专业博士生

森田稔（もりた・みのる）
上智大学大学院经济学研究科经济学专业博士生

功刀祐之（くぬぎ・ゆうし）
上智大学大学院经济学研究科经济学专业博士生

岩田和之（いわた・かずゆき）
高崎经济大学地区政策学部讲师

作道真理（さくどう・まり）
日本政策投资银行设备投资研究所副主任研究员

浜本光绍（はまもと・みつつぐ）
独协大学经济学部教授

第Ⅰ部分

排放量交易的应用一般均衡分析

排放量交易的国际接轨：现状和经济学考察

杉野诚、有村俊秀

1.1 引言

近年来，作为防止全球气候变暖对策的政策手段，各国限额和交易型的排放量交易制度引人注目。很多排放量交易制度规定，由政府发布一定的排放权，将其有偿或无偿地分配给目标国家和地区的企业。排放企业有必要仅保有与自己的排放相符的排放权。排放削减费用低的企业可以比所保有的排放权更多地削减实际排放，并将多出的排放权卖给实际排放超过其排放权的企业。削减费用高的企业则可以从其他企业购入排放权以替代削减。利用这样的市场机制，能以低于采用其他方法的成本削减排放，这是排放量交易制度的魅力所在。

大规模实施限额和交易型的排放量交易制度并且获得成功的先例是美国的二氧化硫排放批准证书交易制度。该制度作为北美大陆酸雨问题处理项目的一环被引入，是为了有效遏制电力公司排放二氧化硫而创设的制度。

受到美国成功的影响，欧盟引入了欧洲排放量交易制度（EU ETS），为了削减温室气体的排放在区域内进行排放量交易。并且，其他发达国家不断推进国家或地区层面的排放量交易制度的引入和审查。

与这些动向并行，作为长期和稳定的全球气候变暖对策，国际社会倡导构筑国际排放量交易制度（欧盟委员会，2009）。这意味着，各国在引入限额和交易型的排放量交易制度的前提下将制度与国际接轨。这不是《京都议定书》中的国家间交易，而是接受规制的企业等可以在国际上直接进行排放权交易的制度。具体来说，到2015年与发达国家的国内排放量交易制度接轨，到2020年将范围扩大到中国和印度等，到2030年创设以全世界为对象的国际排放量交易制度。

　　本章将阐述作为本书基础的排放量交易制度的国际接轨的机制、经济学上的看法和课题等。第1.2节在定义排放削减信用的基础上，介绍国际接轨的种类和京都机制。第1.3节总结各个国家和地区内的排放量交易制度。第1.4节讨论国际接轨的现状和课题。第1.5节根据部分均衡模型阐明国际接轨的效率性。最后为本章的结语。

1.2　国际接轨的种类和京都机制

1.2.1　信用

　　排放削减的碳信用（以下简称信用）在排放量交易的国际接轨中发挥着重要作用，下面进行说明。信用是指根据经认证的排放削减而发布的排放权。其中，京都信用是指由联合国认证的京都机制的排放权。也就是说，京都信用是信用的一种，是狭义的信用。

　　另外，信用可以分为国内信用和国际信用两类。国内信用[①]是指在特定的国家和地区内经认证的信用。例如，根据日本国内的削减项目发布的信用是国内信用。但是，因为没有经其他国家的认证，在国际上流通困难。

　　国际信用是指在多个国家和地区之间经认证的信用。例如，日本和中国之间根据经认证的排放削减而发布的信用，即使其他国家不认证，也是国际信用（两国间的信用）。此外，因为京都信用是经联合国认证的，因

---

①　本章所称国内信用，不是第6章介绍的日本的"国内信用制度"，而是作为一般的名称使用。

此也属于国际信用。

本章中的信用是指国内信用和国际信用。另外，京都信用、国内信用和国际信用都采用上面的定义。

1.2.2　国际接轨的种类

根据方向，各国的国内排放量交易制度的国际接轨可以分为单方面接轨和相互接轨两类（如图1-1所示）。图1-1中的"制度"均表示限额和交易型的排放量交易制度。图1-1表示存在3个制度的情况。图中的箭头表示国际接轨的方向。朝着一个方向的箭头表示单方面接轨，朝着两个方向的箭头表示相互接轨。单方面接轨是指，制度1能使用制度2的排放权，但制度2使用制度1的排放权则不被认可的情况。相互接轨是指，制度2可以使用制度3的排放权，制度3也能使用制度2的排放权的情况。

图1-1　单方面接轨与相互接轨

资料来源：作者制图。

根据形态，国际接轨可以分为直接接轨和间接接轨两类。直接接轨是指通过连接国内排放量交易市场（ETS）使各国和各地区的碳价格同步的方法。间接接轨是指通过第三国进行接轨的方法。间接接轨有两类：一类是通过像信用一样的国际信用进行间接接轨；另一类是通过与第三个国家的单方面接轨进行间接接轨。图1-2表示这两类间接接轨。制度1和制度3通过共同使用制度4发布的信用进行间接接轨（通过国际信用进行间接接轨）。另外，制度1和制度3通过均与制度2单方面接轨进行间接接轨（通过单方面接轨进行间接接轨）。

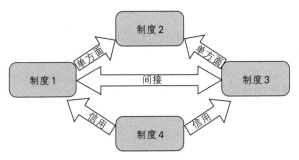

图1-2　间接接轨的种类

资料来源：作者制图。

此外，根据能使用的排放权和信用的范围不同，国际接轨可以分为完全接轨和部分接轨（不完全接轨）两类。完全接轨是指接轨国家和地区的排放权和信用可以不受限制使用的接轨；部分接轨是指设定一定条件的接轨，如对可使用的排放权和信用的数量进行限制等。

1.2.3　京都机制

如下文所述，各国和各地区的排放量交易制度没有直接接轨。但是，在《京都议定书》中，一部分发达国家（"附件一国家"）被课以减排义务，有给予补充的补充机制（京都机制）。现状是通过京都机制进行间接接轨。这里介绍京都机制的三种制度[①]：

一是国家之间的排放量交易（emission trading，ET）制度。与各国的排放削减义务数量相对应，《京都议定书》分配所谓分配数量单位（assigned amount unit，AAU）的排放权。另外，分配源于各国国内森林吸收等的吸收单位（removal unit，RMU）。

各国可以自由地交易AAU和RMU。因此，通过初期的AAU和RMU的排放交易，国际接轨变成可能。

二是清洁发展机制（clean development mechanism，CDM）。如果仅由《京都议定书》规定的负有削减义务的国家（主要是发达国家）进行排放

[①]　京都机制的交易量及交易金额参见世界银行（2010）。另外，《京都议定书》的成果和课题方面参见新泽（2010）。

削减，则从成本方面等来看控制世界整体的排放量非常困难。作为有效控制全世界排放量增加的方法，清洁发展机制（CDM）得到认可。清洁发展机制（CDM）是指，对发达国家和发展中国家的项目，从技术和资金方面进行援助并进行排放削减的机制。详细内容及问题点将一并在第6章阐述。

另外，如果是清洁发展机制（CDM）理事会认可的排放削减，则作为核证减排量（CER），可以进行交易。CER可以作为间接接轨的媒介。

三是共同实施（joint implementation，JI）。共同实施是指，发达国家提供技术援助，接受援助的发达国家（主要是苏联加盟共和国）进行排放削减的机制。与清洁发展机制（CDM）的不同点在于，共同实施是发达国家之间的技术援助。利用该机制发布的排放权，作为排放削减单位（emission reduction unit，ERU），可以进行交易。

1.3 国内和地区内的排放量交易制度

现在，在欧洲、美国、澳大利亚、新西兰、加拿大、日本和韩国等发达国家，不断引入或者讨论国内排放量交易制度。以下将针对国内排放量交易制度进行国际接轨的可能性问题，总结欧盟、美国、新西兰和日本的制度。①

1.3.1 欧洲排放量交易制度（EU ETS）

作为气候变暖对策，欧盟于2005年引入了欧洲排放量交易制度。该制度被分为三个阶段来运营：从2005年到2007年为阶段Ⅰ；从2008年到2012年为阶段Ⅱ；2013年以后为阶段Ⅲ。

阶段Ⅰ的目标是，把握企业的排放活动，积累排放量交易的经验。从阶段Ⅱ开始，正式开始实行排放削减，利用CER这样的京都信用能达

---

① 各国制度详细参见：EU ETS的相关制度，参见诸富和鲇川（2007）、清水（2010）和朴（2011）；日本的制度，参见杉野和有村（预定近期刊发）、诸富（2010）；美国的制度，参见有村（预定近期刊发）、清水（2010）。

成目标。具体来说，以排放权的 13.5% 为上限，承认京都信用的使用。2008 年 12 月，欧盟委员会和欧洲议会达成《气候变化行动与可再生能源一揽子计划》，提出到 2020 年将欧盟区域内的温室气体排放量在 1990 年基础上减少 20% 的目标，作为达成这个目标的手段之一，可以使用国际信用。其中，从 2008 年开始到 2020 年，欧洲排放量交易制度整体能使用的国际信用可以达到总排放权的 6.5%①。另外，该一揽子计划也标明了欧洲排放量交易制度在目标行业以外的行业所能使用的国际信用的数量，即从 2008 年到 2020 年，经认证可以使用 11 亿吨至 13 亿吨的国际信用②。

1.3.2 美国的排放量交易制度

在美国，联邦和州两个层次上的排放量交易制度被引入和讨论。在联邦层次上，2009 年 6 月，众议院表决通过《韦克斯曼-马基法案》。该法案在美国联邦会议上是最接近一致意见的法案。其内容是，到 2020 年和 2050 年，排放量在 2005 年基础上分别削减 20% 和 85%。

《韦克斯曼-马基法案》规定，作为达成目标的手段，每年的上限为 20 亿吨的信用。信用明细为国内信用和国际信用各占 50%③，因此可以购入 10 亿吨的国际信用。但是，到 2019 年以后，国际信用的 1 吨视为 0.8 吨。也就是说，国际信用减少 80%。此外，国际信用只有在满足一定的条件时才能使用，例如只认可参加美国缔结的国际条约的发展中国家的国际信用。并且，《京都议定书》认可使用的 CER 和 ERU 仅在美国环境保护署（EPA）行政长官认可使用的情况下方可使用。

同样，经参议院讨论的《凯瑞-巴瑟法案》中设定的数量是 20 亿吨，利用国内信用和国际信用的可能数量分别是国内占 75%（15亿吨）、国际

---

① 成为 EU ETS 目标的部门，从 2008 年到 2020 年，经认证可以使用 16 亿吨至 19 亿吨的国际信用。

② 为了实现目标，EU ETS 的国际信用使用量设定为最多 50% 可以通过 CER 和 ERU 实现。

③ 该设定数量在制度实施初期是削减目标的 30%。此后，到 2050 年要逐渐上调到削减目标的 65%。

占 25%（5 亿吨）。

联邦议会没有通过包括这些排放量交易在内的法案。但是，在地方层次已经被引入。第一个可列举的是美国东北部的《区域温室气体倡议》（Regional Greenhouse Gas Initiative，RGGI）。这个制度是环境非政府组织（NGO）及环境政策的专家在联邦层次引入气候变暖政策的具体措施停滞不前的情况下推动州层次的气候变暖政策前进的结果。

RGGI 是美国首次正式的温室气体排放量交易市场，由东北部的 10 个州参加，是从 2009 年开始的。燃烧煤炭、石油和天然气、发电量在 25 兆瓦以上的发电厂均为倡议对象。为防止排放权的价格高涨，考虑了信用的使用和预防措施。在制度开始实施时，信用数量是排放削减量的 3.3%；当排放权的价格达到 7 美元时，信用数量的上限上升到 5%；当排放权的价格达到 10 美元时，信用数量的上限提升到 10%。但是，当排放权的价格较低时，只能使用国内信用。随着排放权的价格上升，承认 CER 的使用、间接接轨成为可能。

加利福尼亚州也决定引入限额和交易制度。加利福尼亚州通过的 AB 32 法案（《加利福尼亚州全球变暖解决方案法案》）规定的目标是，该州的温室气体的排放量到 2020 年要削减到 1990 年的水平。2011 年决定，与 AB 32 法案目标吻合的限额和交易型的排放量交易制度从 2012 年开始实施。预计该制度的目标营业所包括 600 家。这些营业所排放的二氧化碳约占加利福尼亚州排放的二氧化碳总量的八成。另外，该制度只能使用国内信用。但是，现在正在讨论与欧洲排放量交易制度直接接轨的可能性。

此外，还有《西部气候倡议》（Western Climate Initiative，WCI）的提案。这是由美国西部 6 个州（亚利桑那州、加利福尼亚州、新墨西哥州、俄勒冈州、犹他州和华盛顿州）提交的排放量交易制度提案。美国西部 6 个州与加拿大 2 个州（英属哥伦比亚州、曼尼托巴州）达成协议，把以 2005 年的水平为基础、到 2020 年削减 15% 作为目标，引入二氧化碳排放量交易。作为达成目标的手段，承认信用的使用。但是，没有设定具体的信用内容和利用上限，留待今后决定。

1.3.3 新西兰的国内排放量交易制度

新西兰从 2010 年 1 月开始引入国内排放量交易制度。该制度规定，到 2012 年 12 月为制度试行期间。初期的目标行业是林业，分阶段将目标范围扩大到发电行业、产业过程、贸易密集型产业和农业，到 2015 年将经济整体纳入目标范围。

该制度的特征之一是，没有设定明确的限额，即不是限额和交易型的排放量交易制度。

除了使用京都信用以外，还认可国内信用的使用。但是，国内信用的质量问题浮出水面。因此，今后可能会对可使用的国内信用加以限制。

1.3.4 日本的国内排放量交易制度

在讨论后京都的日本减排目标的同时，日本国内也在讨论国家层面的排放量交易制度。虽然没有提出详细的排放量交易制度的提案，但指明了制度设计的方向（环境部和中央环境审议会环境司国内排放量交易制度小委员会，2010）。但是，在信用的使用和使用限制方面没有得出具体的结论。

在日本，和美国一样，先行于国家，地方层次的排放量交易制度的引入得到不断推进。东京都的排放量交易制度自 2010 年 4 月开始实施，在日本是第一个真正的限额和交易型的排放量交易制度。该制度规定，在东京都内的大规模营业所（原油换算 1 500 公升/年）有义务削减排放量。该制度认可三种信用，即中小企业信用、都外信用和可再生能源信用。因此，目前不可能进行国际接轨。此外，东京都是国际碳行动伙伴组织（ICAP，目标为创设温室气体的国际排放量交易市场）的成员。因此，将来东京都的制度与国际市场具有怎样的关联，引人注目。

1.4 国际接轨的现状和课题

1.4.1 国际接轨的现状

目前，国际接轨停留在使用京都信用（CER、ERU）的间接接轨上。^①并且，各国在达成目标上能使用的 **CER** 和 **ERU** 的数量多设定有上限^②，可以说，现行的国际接轨是间接的不完全接轨。那么，实际实施国际接轨时，会有怎样的课题？

1.4.2 国际接轨的课题

以下根据 Tuerk 等 (2009) 的观点，总结国际接轨的问题点。要对各国的国内排放量交易制度进行直接接轨，在目标设定、制度运营的严格性、补偿设定、原单位目标、成本控制措施和排放权的质量六个方面会存在障碍。

第一，目标设定的水平、内容可能成为直接接轨的障碍。如果各国的目标根据《京都议定书》等国际协议来设定，则各国之间可能不会产生不公平感。但是，在各个国家，国内排放量交易制度的覆盖率不同，即国内排放量交易制度的目标行业和企业的规模不同，这会使得达成国际协议的排放削减量和国内排放量交易制度的削减量未必匹配。因此，要使覆盖率不同的国内排放量交易制度直接接轨，各国之间的"公平负担"可能会成为问题。比如，美国的《韦克斯曼-马基法案》以经济整体 (economy-wide) 为国内排放量交易制度的对象，覆盖率预计是 GHG 排放量的84.5%。而在欧盟，一部分产业不包括在内，因此现在的覆盖率停留在约40%的水平上。^③虽然在 2013 年以后的阶段 III，预定目标范围会扩大，但是铝工业等与阶段 II 一样可能被排除在目标之外。如果是这样，美国的铝工业要负担碳价格，而欧盟的铝工业会逃离碳价格支付。这意味着国际竞争条件产生差异，可以预想，将会使美国方面对国际接轨产生消极态度。因此，在使各国的国内排放量交易制度直接接轨之际，目标行业和覆盖率的差异会成为障碍。

第二，严格的制度运营可能成为直接接轨的障碍。严格的制度运营是

---

① 澳洲 ETS 有可能承认 EU ETS 排放权的使用。但是，澳洲 ETS 现在处于讨论阶段，最终在多大程度上给予承认存在不确定性。

② 通过限制可使用的信用数量，可以防止排放价格(碳价格)的下跌。当排放权价格低时，节能等的投资量与最适量相比变少了。因此，将来边际削减成本增高，削减可能存在困难。

③ 这是到阶段 I(2005 年至 2007 年)为止的数值。

指，正确地监测、报告和验证（measurement reporting and verification，MRV）目标主体的排放量，实施对虚假报告等的处罚规定和对不正当行为的监视机制。制度运营执行不严格，制度整体失去信用，排放权的价格可能大幅度下降。也就是说，各国的治理和法律约束力会给排放权价格带来巨大的影响。但是，在经合组织国家之间的接轨中，这个问题的重要性会降低。此外，第7章将介绍，通过MRV的引入，更严格的制度运营成为可能。

第三，各国制度所准备的补偿设定不同。补偿设定是指，对排放量交易制度外的主体提供技术和资金，被削减的排放量作为信用可以使用的制度。但是，由于承认补偿设定的实业因各国的制度不同而不同，因此制度之间信用的质量（农业、森林吸收源和REDD①的使用等）就会出现差异。当进行直接接轨时，信用质量的差异可能会对排放权价格产生巨大的影响。此外，根据《韦克斯曼-马基法案》，未来准备减免国际信用，可能出现各国对国际信用的态度有所不同的情况。在这种情况下，如果在对国际信用的态度存在差异的不同制度之间直接接轨，则可能会发生利用排放权的价格差进行套利交易的情形。

第四，由于削减目标的种类不同，接轨存在困难。一般来说，作为实现排放削减目标的手段，大多设定总量目标。但是，加拿大在开始实施制度时，讨论了原单位目标的设定。如果像加拿大那样设定原单位目标，则由于被交易的一个单位不一定是实际排放削减的，因此与设定总量目标的其他国家的国内排放量交易制度进行直接接轨可能面临困难。

第五，如果在国内排放量交易制度中设定成本控制措施，则接轨存在困难。具体来说，成本控制措施有价格上限、排放权的借贷等。价格上限是指，预先设定排放权价格的上限，如果价格达到上限，则排放权会无限供给。因此，如果没有设定价格上限制度的排放权价格上升到价格上限以

---

① REDD 是 Reduced Emissions from Deforestation and forest Degradation（通过减少砍伐森林和减缓森林退化来降低温室气体排放）的简称，是指发展中国家通过减少毁林和森林退化来防止二氧化碳排放的方法。

上，则会出现套利交易，可以预测排放权的价格会下跌到价格上限。如果对两个制度都设定价格上限，那么效果就会相同。原本没有设定价格上限的制度，是想避免政府干涉市场，以达到适当的排放权价格作为政策目标之一。而设定价格上限的制度则是以防止排放权价格高涨作为目标来设计制度的，即以低成本实现排放削减为目标。制度所要实现的目标不同，国际接轨的难度就不同。同理，排放权的借贷不同，将来的排放削减成本可能会增加，将来的排放削减目标可能被缩小。因此，引入看似轻松的借贷，可能会使国际接轨变得不稳定。

第六，存在关于各国市场交易的排放权的质量问题[①]。不同国家的排放权的质量取决于国内排放量交易制度的制度设计。排放权的质量由被交易的信用的数量和可能利用的信用的种类来决定。例如，美国承认使用农业和森林吸收源（包括 REDD 等在内）的信用，而欧盟不承认使用京都信用以外的国际信用。这样一来，在美国交易的排放权与在欧盟交易的排放权的质量就会产生差异，如果将两个制度接轨，质量不同的排放权就可能会流入欧盟。因此，在进行国际接轨时，有必要将制度设计为使两个制度中交易的排放权同质化。

1.5　排放量交易的国际接轨

1.5.1　直接接轨的效率性

在这里，使用局部均衡的框架介绍排放量交易国际接轨的经济学意义[②]。首先，确认直接接轨的经济学意义。图1-3描绘边际削减成本曲线（MAC），其中，横轴表示削减量，纵轴表示边际削减成本（信用价格或排放权价格）。现在，假设 A 国的削减义务量为 OR^{NL}。为了实现削减义务量，利用国内排放量交易制度削减排放。A 国只在国内努力削减排放（不

---

① 第7章讨论保证排放权质量的制度。

② 关于排放量交易制度的理论，参见日引和有村（2002）、高尾（2008）、前田（2009）、杉野和有村（预定近期刊发）。

进行国际接轨），要达成削减目标，削减成本为 $a+b+c+d+e+f$。另外，边际削减成本（等于排放权价格）为 p^{NL}。

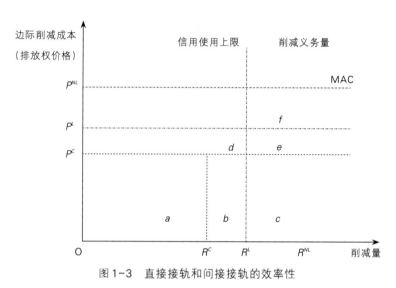

图1-3 直接接轨和间接接轨的效率性

资料来源：作者制图。

其次，考虑把国内排放量交易制度与其他国家的国内排放量交易制度进行直接接轨（建构国际排放量交易市场）的情况。假设国际排放量交易市场中的排放权价格为 p^c。A国通过国际接轨，在进行国内排放削减的同时还可以选择进口排放权。因此，国内削减量减少到 OR^c。相应地，国内的削减成本可能节约 $b+c+d+e+f$。但是，为了达成削减目标，有必要购入（进口）排放权。购入量为 $R^c R^{NL}$，购入成本为 $b+c$。因此，A国削减成本的总额为 $a+b+c$，与不进行接轨的情况相比，可以节约 $d+e+f$ 的面积。

如上所述，通过与国内排放量交易制度直接接轨可以获得收益，即通过直接接轨可以有效削减排放量。

1.5.2 间接接轨的效率性

利用国际信用也可能减少为达成目标所需支付的成本（间接接轨）。在这种情况下，与直接接轨一样，可以对提高效率抱有期待。下面比较一个国家两种排放削减情况的效率性：第一，分析对国际信用的使用不加限制的情况；第二，分析对国际信用的使用量加以限制的情况。

利用国际信用可以降低削减成本。假设在国际上被决定的国际信用价格为 p^c（见图1-3）。

在可以使用国际信用且对国际信用的使用没有限制的情况下（无限制使用），国内的削减量及利用国际信用的削减量取决于边际削减成本和国际信用价格的交点（排放权和国际信用价格的均等化）。也就是说，国内的削减量为 OR^c，利用国际信用的削减量为 $R^c R^{NL}$。这时，国内削减成本为 a，国际信用购入成本为 $b+c$，总削减成本为 $a+b+c$。因此，通过使用国际信用，成本节约仅为 $d+e+f$。

此外，如果国际信用价格上升，则通过间接接轨（利用国际信用）获得的收益变小。这是因为国际信用购入量减少，而国内削减量加大。反之，如果国际信用价格下降，则因为国际信用购入量增加和国内削减量减少，使得通过间接接轨获得的收益变大。

《马拉喀什协定》规定，国际信用是削减的"辅助性"手段。虽然各国对"辅助性"的解释有差异，但是一般是指未达到削减目标的50%。另外，欧洲排放量交易制度对通过 CER 等的国际信用设定的利用上限为30%。图1-3中的 $R^L R^{NL}$ 表示在设定利用上限情况下的上限购入量。与国内削减量无限制的情况相比较，一方面，上限购入量增加 $R^c R^L$，国内的削减成本增加b+d；另一方面，国际信用购入量减少 $R^c R^L$，国际信用购入成本节约仅为b。因此，在设定国际信用上限的情况下，削减成本增加了 d。另外，排放权价格和国际信用价格不一致，排放权的价格为 P^L，产生排放权溢价（$P^L - P^c$）。这个结果表明，虽然国内削减量增加了，但是牺牲了效率性。

1.6 结语

根据以上的分析可以确认，从经济效率性的观点来看，国际接轨（直接接轨和间接接轨）是理想的。与所谓的排放量交易（CDM）资本流出论的观点不同，显然排放量交易减轻了经济负担。但是，上述分析是基于部分均衡分析的结果，因此没有考虑排放权以外的产品和服务市场。另外，因为是定性分析，无法明确经济影响的程度有多大，所以，第3章将采用应用一般均衡模型，定量分析国际接轨的效果。

就现在排放量交易的国际接轨而言，从CDM产生的CER肩负重任。作为后京都的目标，如果发达国家引入雄心勃勃的排放削减目标，则担心削减成本会膨胀。作为成本上升的对策，利用像CER这样的国际信用是不可或缺的，今后需求也可能会增加。但是，CER的最大问题是，在获得认可上需要花费时间（第6章）。在进行后京都的国际交涉中，还有其他国家提出了各种各样的机制。欧盟推荐了行业信用机制（Aasrund等，2009；Baron，2006；Baron和Ellis，2006；Baron等，2009），而日本则在推进两国之间的信用。被提出的其他国际信用还有REDD和REDD +等森林吸收信用。现状是，如果后京都的框架不固定，则不清楚这些机制将会如何发展。有必要面向未来，关注后京都的国际框架。

[第2章]

应用一般均衡模型的构建

武田史郎

2.1 引言

应用一般均衡分析（computable general equilibrium analysis， CGE分析）[①]，是指把经济模型和数据相结合的模拟分析方法。作为事前分析政策效果的研究方法，主要运用于贸易政策、税制改革等领域，近年来也被广泛应用于全球气候变暖对策的分析。利用CGE分析，我们可以理清经济活动间复杂的相互依存关系，对全球气候变暖对策的效果进行定量的评价。因此，CGE分析是有关全球气候变暖对策讨论的一个有用的分析工具。但是，CGE分析依赖于模型、数据、参数及模拟情况等多种前提要素，为了能恰当地利用分析结果，最好能深刻理解是基于哪些前提要素进行的分析。

本书第3章将运用CGE模型来分析后京都时代二氧化碳减排政策的排放量交易。本章主要对第3章使用的模型和数据给出详细说明。如上所述，由于CGE的分析结果依赖于各种构成要素，因此为了正确评价第3章的分析，有必要深刻理解本章的内容。本章构成如下：第2.2节和第2.3节

---

① 原来与"应用一般均衡分析"术语对应的是"AGE（applied general equilibrium）"，以下所称"应用一般均衡分析"则均采用"CGE分析"的含义。

对模拟分析的数据、模型进行说明；第2.4节对模型的动态构造进行解释；第2.5节对BAU均衡的设定方法进行说明[①]。

2.2 基准数据

首先，对使用的数据进行说明。在CGE分析中，以基于某个基准年的数据、经济处于均衡状态作为前提开始分析。在多区域的世界模型中，通常基准数据使用GTAP提供的数据，本章也使用GTAP数据（目前最新版是GTAP 7.1）。GTAP 7.1数据把2004年作为基准年，所以2004年是模拟分析的基准年。

分析中为了处理二氧化碳（CO_2）排放限制，除了通常的基准数据以外，还有必要使用CO_2排放量数据。该数据可以使用从GTAP的能源数据中导出的Lee（2008）的CO_2数据。虽然基本上利用的是原始数据，但是在Lee（2008）提供的CO_2数据中仍然观察到有很多数据与实际的CO_2排放量有差异，特别是日本钢铁行业排放量数值过低[②]。由于钢铁行业在日本的CO_2排放量中所占比重较大，对排放限制的分析具有重要意义，这里利用3 EID 2005 beta（南齐、森口，2009）的数值进行修正。在原始的GTAP 7.1数据中，全球被划分为112个地区、57个行业，在模拟分析中，合并为表2-1中的12个地区、22个行业。

[①] 关于温室气体对策分析的CGE模型,Conrad(2003)、Sue Wing(2010)、武田(2011)等有比较详细的说明,可以作为参考。另外,对于进行CGE分析的步骤,细江等(2004)提供了详细的说明。

[②] 在Lee(2008)的CO_2数据中(被包含在GTAP-CO2-V7.HAR中的数据),日本的钢铁工业(I_S)的CO_2排放量为43.9$MtCO_2$。但是,在3EID beta 2005中,同一部门的排放量为161.5Mt-CO_2。前者为2004年的数据,后者为2005年的数据,两者差距非常大。

表2-1　　　　　　　　　　　　　　　地区和行业的分类

地区			行业			
JPN	日本	FSH	渔业		AGR	农业、林业
EUR	欧盟27国（EU27）	OMN	其他矿物		FPR	食品原料
USA	美国	PPP	纸、纸浆		LUM	木材、木制品
CAN	加拿大	CRP	化学		TWL	纤维制品
ANZ	澳大利亚、新西兰	NMM	非金属矿物		TRN	运输机器
RUS	俄罗斯	NFM	有色金属		OMF	其他制造业
CHN	中国	I_S	钢铁		TRS	运输
IND	印度	CRU	原油		CNS	建筑
BRA	巴西	COL	煤炭		TRD	商业
ASI	亚洲其他国家	GAS	天然气		SER	其他服务
OPC	石油输出国组织（OPEC）	OIL	石油煤炭制品			
ROW	其他地区	ELE	电力			

资料来源：作者制表。

在第3章的模拟分析中，利用通用数学模型系统（general algebraic modeling system，GAMS）作为数据计算软件。原始的GTAP的数据不能直接用于GAMS计算，因而必须进行转换。Thomas Rutherford公开了GAMS使用GTAP 7.1数据的GTAP7inGAMS程序群（Rutherford，2010）[1]。第3章模拟分析中利用了GTAP7inGAMS。而且，GTAP7inGAMS中包含了美国能源部/能源信息部（Department of Energy/Energy Information Administration，DOE/EIA）发表的《世界能源市场展望》（International Energy Outlook，IEO）数据和联合国人口统计数据等。构建动态模型时会用到这些数据。下文提及的IEO数据、联合国人口统计，即为包含在GTAP7inGAMS中的数据[2]。

---

①　参见 Thomas F. Rutherford 的网页（http://www.mpsge.org/）。
②　为了处理与GTAP数据在地区、产品分类上的差距，GTAP7inGAMS的IEO数据、联合国人口统计进行了相应的调整。因此，需要注意的是，其与原始数据相比存在一些差异。

2.3　模型

模型利用了多区域、多行业的递归动态 CGE 模型。在第 4 章中将给出详细说明，递归动态是指对静态模型反复求解从而刻画经济变化的模型。由于不考虑动态最优化行为，因此可以对一个时点内模型的构造和动态部分进行分离。下面首先对一个时点内模型构造进行说明。关于一个时点内的模型构造，进行了与 Paltsev（2001）、Fischer 和 Fox（2007）、Bohringer 等（2010）、Takeda 等（2011）等基本相同的设定[①]。

2.3.1　生产者的行为

为了反映投入要素的可替代性的差异，生产函数假定为关于全行业的多阶段的嵌套 CES 生产函数。但是，对于化石燃料行业（CRU、COL、GAS）和非化石燃料行业（其他全部行业）假定了不同的生产函数。生产要素分为劳动、资本、土地、天然资源四种类型[②]。土地仅作为农业（AGR）使用的特殊要素[③]来处理。天然资源也作为各行业的特殊要素来处理。假定劳动可以在各行业间自由转移，可以通过全行业的收入平均化决定劳动在行业间的分配。另外，资本分为"现存资本"和"新资本"分别处理，其中只有"新资本"的部分可以在行业间转移。关于这点，将在第 2.4 节详细说明。假定全部生产要素不在国家间进行转移。

一方面，假定化石燃料行业的生产函数为如图 2-1 所示的两阶段嵌套 CES 生产函数。此图显示 CES 生产函数的嵌套构造。首先，除了天然资源外所有的投入品被里昂惕夫函数统合为非天然资源投入品，并且形式是以天然资源和替代弹性（E_ES）的 CES 函数来投入的。E_ES 是指天然资源和非天然资源投入品之间的替代弹性，根据化石燃料的供给弹性进行校准[④]。

---

① 有可能从作者处得到模型的详细说明。
② 原来的 GTAP 数据中劳动分为熟练劳动和非熟练劳动，这里把两者综合起来加以考虑。
③ 特殊要素是指，只被该部门使用而不转移到其他部门的要素。
④ 这种校准的详细内容请参见 Takeda（2007）。另外，假定化石燃料的供给弹性为 2。

图2-1 化石燃料行业的生产函数

资料来源：作者制图。

另一方面，假定非化石燃料行业的生产函数为如图2-2所示的CES生产函数。首先，各能源中间投入品被多阶段CES函数统合为合成能源产品（树形内的数值表示替代弹性）。另外，资本、劳动、土地、天然资源的生产要素被替代弹性（E_VA）的CES函数统合为合成生产要素。合成能源产品和合成生产要素由替代弹性（E_VAE）的CES函数统合，最后，以其他非能源中间投入品和里昂惕夫函数的形式被投入。用Paltsev（2001）、Fischer和Fox（2007）的值假定能源中间投入品之间的替代弹性、能源和生产要素的替代弹性。E_VA使用GTAP的数值。

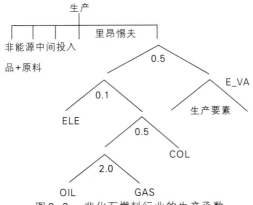

图2-2 非化石燃料行业的生产函数

资料来源：作者制图。

此外，关于生产函数，即使是能源中间产品，投入 OIL 行业的 CRU、投入 CRP 行业的 OIL 和 GAS 作为原料使用的情况也很多，处理上与非能源中间投入品一样，在里昂惕夫函数的高阶段投入。投入 OIL 行业的 CRU 全部作为原料，投入 CRP 行业的 OIL 和 GAS 根据 Lee（2008）的数据把原料部分分离出来。在上述生产函数中，各行业以利润最大化（成本最小化）为目标，决定产量和投入量。

2.3.2　家庭的行为

假定各地区都有一个代表性家庭。这个代表性家庭的效用取决于消费、闲暇和储蓄，其效用函数假定为如图 2-3 所示的多阶段 CES 函数。首先，能源产品、非能源产品分别由柯布–道格拉斯函数（替代弹性是 1 的 CES 函数）合成，并且合成能源产品、合成非能源产品由替代弹性为 0.5 的 CES 函数统合。其次，被合成的消费由闲暇和替代弹性（E_CL）的 CES 函数合成，最后由储蓄（产品）和柯布–道格拉斯函数合成。第 2.4 节将讨论在效用函数中加入储蓄的问题。

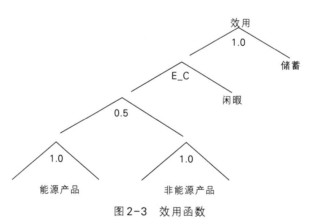

图 2-3　效用函数

资料来源：作者制图。

由于在效用函数中加入闲暇，所以有必要考虑闲暇的数据以及闲暇和消费之间的替代弹性。在这方面，日本和其他地区的处理方式不同。首先，日本的闲暇和消费之间的替代弹性采用了畑农和山田（2007）推定的

0.73的值①。其次，日本的闲暇时间与畑农和山田（2007）相同，假定一天的可选择时间为12小时，利用日本劳动卫生福利部的《每月劳动统计调查》求得闲暇和劳动时间的比例，并利用GTAP 7.1的劳动数据确定闲暇的基准数据②。另外，根据《国民经济统计年报平成19年度版》《财政金融统计月报第672号》导出劳动税率③。日本以外地区的闲暇和消费之间的替代弹性和闲暇数据根据Fischer和Fox（2007）使用的方法来决定，即根据补偿劳动供给弹性和非补偿劳动供给弹性，对闲暇和消费之间的替代弹性和闲暇数据进行校准。日本以外地区的劳动税率使用的是Fischer和Fox（2007）的值。

家庭储蓄以购买储蓄产品（即投资品）的形式引入。投资品由各种按比率投入的产品构成。例如，在投资品增加10%的情况下，用于投资的产品也分别增加了10%。

2.3.3 贸易

模型中各地区通过贸易连接在一起。贸易部分基本上与现有的多区域CGE模型一样处理④。首先，关于贸易做出阿明顿假设（Armington Assumption）。阿明顿假设是指，即使是同样的产品，只要在不同地区生产出来，就被看成不同的产品（不完全替代）（Armington，1969）。如图2-4所示，产品的统合分为两个阶段：①统合来自不同地区的进口产品；②统合进口产品和国内产品。以日本钢铁产品为例，首先将日本以外所有地区的进口产品由替代弹性（E_M）的CES函数统合，再将合成进口产品通过E_DM的CES函数和日本国内钢铁产品合成。对于进口产品和日本国内产品的替代弹性（E_DM、阿明顿弹性）和进口产品之间的替代弹性

---

① 畑农和山田（2007）中，消费、工资、闲暇的代理变量分别为家庭消费、年收入、个人闲暇，并且假定可选择时间为12个小时，在此基础上对闲暇和消费的替代弹性进行推定。

② 可选择时间是指24小时中分配给劳动和闲暇时间的合计。这样推测出可选择时间中总劳动时间的比例为41.5%。

③ 在基准数据中劳动税率为净税率的50%（相当于总税率的33%）。并且，在导出的时候，社保费用也被作为劳动税的一种包含在其中。

④ 例如，与GTAP的标准模型、Paltsev（2001）、Fischer和Fox（2007）等相同。

（E_M），使用GTAP数据的值。

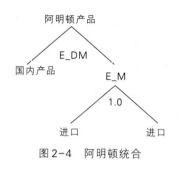

图2-4　阿明顿统合

资料来源：作者制图。

由进口产品和日本国内产品合成的产品（阿明顿产品），供生产部门作为中间投入品使用、供最终消费使用、供投资使用、供政府支出使用。日本国内产品和进口产品的统合根据用途分别进行。换言之，即使是相同的产品i，也区分为供部门j作为中间投入品使用、供最终消费使用、供投资使用、供政府支出使用等，全部分别进行统合。进口产品之间的统合，由于数据上的原因，不分用途一起进行。

2.3.4　政府

各地区都只有一个政府存在。政府征纳税收，并根据收入进行政府支出。至于税收，除了劳动税，基本上使用GTAP 7.1数据中针对生产、中间投入、生产要素、贸易等的税收数据。假定政府支出遵从基准数据的比例，各个产品按固定比率投入。例如，如果政府支出增加10%，政府对于各产品的需求也分别增加10%。

假定政府支出水平在一个时点上是外生给定的。政府支出被设定为外生的，这意味着减排规制的引入不会引起政府支出水平发生变化。尽管也可以假定政府支出水平在模型内是内生变化的，但是，由于这里把政府的活动中立化，所以只选取外生设定的方法。

2.3.5　排放规制

第3章的模拟分析中，考虑限额交易型的排放量交易的排放规制。排放权最初由政府通过拍卖进行分配，在排放权市场进行交易。假定政府的拍卖收入一次性返还给家庭。关于进行削减的地区、削减率等将在第3章说明。

模型中假定 CO_2 的排放是通过 CRU、COL、GAS、OIL 四种产品的利用产生的，在排放规制下，利用这四个排放源产品的时候，必须要购买与排放量相等的排放权。因此，假定地区 r 部门 j 用于中间投入的排放源产品 i 的价格为 p_{ijr}^A、部门 j 用于中间投入的排放源产品 i 的碳系数为 α_{ijr}^{CO2}、排放权价格为 p_r^{CO2}，部门 j 的生产者面对的排放源产品 i 的价格表示如下：

$$p_{ijr}^A + p_r^{CO2} \, \alpha_{ijr}^{CO2}$$

换言之，在排放规制下，企业面对的投入价格上涨部分仅是购买排放权的数额。假定地区 r 部门 j 的排放源产品 i 的中间投入需求为 D_{ijr}^A，相应的排放权需求为 $D_{ijr}^A \alpha_{ijr}^{CO2}$。同理，也适用于最终消费的排放源产品。

排放权价格在需求等于供给的原则下由市场决定。假定各地区自行削减排放，地区 r 的排放权的供给（等于总排放量的上限）为 S_r^{CO2}、排放权的需求为 D_r^{CO2}，使排放权的市场均衡条件，即

$$S_r^{CO2} = D_r^{CO2}$$

得到满足，从而决定排放权价格 p_r^{CO2}。在这种情况下，每个地区的排放权价格不同。

第3章将分析各地区自行削减的情况，以及排放权交易国际接轨的情况。具体有附件 B（Annex B）地区之间的直接接轨，附件 B 和非附件 B 地区之间通过清洁发展机制的间接接轨。直接接轨的情况下，在接轨参加地区形成共同的排放权市场。因此，把 TR 作为参加接轨地区的集合的情况下，即

$$\sum_{r \in TR} S_r^{CO2} = \sum_{r \in TR} D_r^{CO2}$$

的条件下，则参加接轨地区的排放权价格同为 p^{CO2}。另外，各地区的排放权进口量由 $D_r^{CO2} - S_r^{CO2}$ 计算得出（负数的情况下为出口量），$p^{CO2}(D_r^{CO2} - S_r^{CO2})$ 是对国外的排放权支付额（负数的情况下为收取额）。

对于间接接轨，根据 Bohringer 和 Rutherford （2010）的方法引入模型。首先，间接接轨的情况下，在规制地区自身的排放权的供给之上，产生 CER 的供给。假定 CER 需求地区（规制地区）的 CER 需求量为 CER_r^D，根据

$$S_r^{CO2} + CER_r^D = D_r^{CO2}$$

则规制地区的排放权价格为 p_r^{CO2}。另外，假定 CER 需求地区的集合为 CRD、CER 供给地区的集合为 CRS、CER 的供给量为 CER_r^S，则 CER 的国际交易价格 p^{CER} 由

$$\sum_{r \in CRS} CER_r^S = \sum_{r \in CRD} CER_r^D$$

的关系来决定。并且，由于规制地区可以自由购买 CER，根据裁定行动

$$p_r^{CO2} = p^{CER}$$

成立。

在间接接轨的情况下，同样分析对规制地区 CER 的利用有限制的情况。在没有捆绑规制的情况下，和上面的完全相同，由于捆绑的地区在国内和国外裁定无效，国内的排放权价格比 CER 价格高。假定规制地区 r 的 CER 使用上限为 $\overline{CER}_r^D$，假设在全部的规制地区规制捆绑在一起，则国内排放权价格为 CER 价格+CER 溢价（ε_r^{CER}），下式成立：

$$p_r^{CO2} = p^{CER} + \varepsilon_r^{CER}$$

另外，CER 的需求和供给的均衡条件修正如下：

$$\sum_{r \in CRS} CER_r^S = \sum_{r \in CRD} \overline{CER}_r^D$$

2.4　动态结构

在 20 世纪 90 年代之前，CGE 分析几乎全是以静态模型为前提的，而现在利用动态模型的分析越来越多。例如，MIT 的 EPPA 模型[①]、OECD 的

---

① Paltsev et al. (2005) http://globalchange.mit.edu/igsm/eppa.html。

ENV-Linkages模型[1]、世界银行的ENVISAGE模型[2]、GEM-E3模型等都是动态模型[3]。日本麻生政府时期的中期目标检讨委员会、鸠山政府时期的温室效应特别工作组使用的日本经济研究中心的JCER-CGE模型[4]、日本国立环境研究所的AIM/CGE模型、野村浩二氏（庆应大学）的KEO模型等都是动态模型。动态模型应用得越来越多的原因在于动态模型有着静态模型所不具备的分析优势。

2.4.1　动态模型的种类

一般来说，经济学上提到的动态模型泛指假定经济主体的动态最优化行动模型（下称前瞻模型）。实际上，理论分析、宏观经济学中的动态模型都是这种类型。但是，在CGE分析中，大多使用称为"递归动态模型"的动态模型。递归动态模型是指，通过反复求解仅考虑一个时点的模型，从而导出经济随时间推移的模型。

两类模型都有各自的优缺点，不能一概而论说哪种比较优越[5]。但是，由于递归动态模型具有易于整体处理、易于增加地区数和行业数、计算方便等特点，因而对全球气候变暖对策进行动态分析的多区域CGE模型大多使用递归动态模型。例如，EPPA模型、ENV-Linkages模型、EN-VISAGE模型、GEM-E3等都是递归动态模型[6]。

2.4.2　模型的动态设定

第3章将使用的动态模型有以下五个特征：①是从2004年到2020年的递归动态模型；②储蓄由一定的储蓄率决定；③资本被分成新资本和现存资本；④Putty-clay方法适用于现存资本；⑤考虑资本、劳动生产性的提高和AEEI形式的技术进步。

首先，在第3章的分析中，由于不一定非得是前瞻模型，所以采用了

---

① Burniaux and Chateau（2008）。
② Mattoo et al.（2009）。
③ http://www.gem-3.net/。
④ 关于JCER-CGE模型，参见武田等（2010）。
⑤ 关于两者的优缺点，参见武田（2007）等。
⑥ 但是，EPPA模型也有前瞻模型的版本（Babiker et al. 2008）

递归动态模型。其次，因为分析对象为到2020年为止的中期削减，所以模型的时间间隔为从数据的基准年2004年到2020年为止的17年。关于其他部分，下面给予说明。

1）储蓄、投资的决定方法

投资、储蓄是在不同时点上对资源进行分配的行为，为了掌握两者，需要考虑时间轴（未来的经济）。因为前瞻模型考虑多数期间，并且假定了家庭、企业在不同时点上的最优化行为，所以，从经济主体在不同时点上的最优化行为可以自然而然地导出投资、储蓄的水平。另外，由于递归动态模型本就不考虑多数期间，其前提是仅仅描述一个时点的模型，因此，为了考虑以时间轴为前提的投资、储蓄等行为需要特殊的假定。尽管方法多种多样，但本章只选择其一，即通过假定储蓄率不变来确定储蓄，投资水平则根据储蓄来确定。这是与EPPA模型、ENV-Linkages模型、JCER-CGE模型相同的方法。上述储蓄率不变的假定，在模型中通常通过在家庭的效用函数中以柯布-道格拉斯型加入储蓄（产品）来体现。这正是第2.3节在家庭的效用函数中引入储蓄，并假定为柯布-道格拉斯型的理由。

投资通过与经以上设定确定的储蓄相等来加以确定。换言之，投资是相对于储蓄被动确定的。另外，需要注意的是，由于是递归动态模型，因此，因预计将引入排放规制而提前进行的投资行为不在模型的考虑范围内。

2）资本存量的处理

从EPPA模型和JCER-CGE模型可知，资本存量可分为现存资本和新资本两类[①]。现存资本是指曾经使用过的资本存量，新资本是指根据前期投资新积累的资本存量。静态模型中，大多假定了使各行业租金价格均等化而确定行业间资本存量的分配。对于不考虑时间轴或是表示长期的静态模型，这种假设可能比较适合，但是动态模型中各行业利用的资本存量

---

① 严格来说，在EPPA模型中，不是新资本和现存资本两种，而是根据导入时期对资本全部做出了划分。

在每期都会发生巨大变化。旨在排除这种情况的假定有 Putty-clay 方法。Putty-clay 方法是指，假定现存资本存量在行业间不可移动。在这种假定下，各行业资本存量水平的调整只根据新投资进行，与现实调整一样以缓慢的速度进行。Putty-clay 方法也适用于 EPPA 模型、JCER-CGE 模型。本章的模型采用 Putty-clay 方法。

3）技术进步

对于气候变暖对策的分析，技术进步特别是能源技术进步非常重要。就技术进步而言，虽然也存在通过研发取得的技术进步、通过干中学取得的技术进步等此类在模型内产生内生性技术变化的模型，但是由于本章模型的存续时间到 2020 年为止，并非很长一段期间，因此本章只考虑外生性技术进步。具体假定：①资本、劳动生产率的改善；②自发能源效率改善（autonomous energy efficiency improvement，AEEI）。前者是生产函数中资本、劳动投入效率的改善，后者是生产函数中能源投入效率的改善。

实际上，不同行业的技术进步率不同。但是，多区域模型中很难统计到各行业技术进步率的准确数据，因而在模拟分析中假定所有行业的技术进步率相同。关于技术进步率的确定方法，将在下节予以说明。

2.5 导出 BAU 均衡

模拟分析中，首先寻求没有政策变化（未引入排放规制）情况下的动态均衡解，分析政策变化下均衡如何变化。下面将政策变化前的动态均衡称作照常情景（Business as Usual，BAU）均衡。由于政策效果随着 BAU 均衡的状态而变化，因此在分析过程中，BAU 均衡的设定非常重要。本节说明第 3 章的模拟分析中关于 BAU 均衡的设定。

模型中随时间变化的要素有资本存量、技术水平、生产要素赋存量、政府支出水平等，其中资本存量的变化由模型内生确定，因此，如何设定 BAU 均衡问题等同于如何确定技术进步率、生产要素赋存量途径、政府支出途径等问题。下面逐一说明如何确定上述三个要素。

2.5.1 技术进步率的确定方法

技术进步率也可以基于外部数据来确定。但是，在基于外部数据设定技术进步率来求解模型的情况下，从模型导出的 CO_2 排放量、GDP 等数值可能会显示出不现实的数值。另外，由于是多区域模型，很难预备出所有地区的技术进步率的预测值。由于上述原因，本章采用了一种使从模型中导出的 GDP 变化率和 CO_2 排放量变化率接近于外生性地赋予的目标值，从而确定技术进步率的校准方法。

目标值使用基于 IEO 数据的 GDP 变化率和 CO_2 排放量变化率。取值过程如下：首先，把模型的期间分成 2004—2010 年和 2011—2020 年。为使从模型中导出的 2004—2010 年的 GDP 变化率和 CO_2 排放量变化率与基于 IEO 数据的 2004—2010 年的变化率相近，设定 2004—2010 年的资本、劳动投入生产率改善和 AEEI 率。然后，采用同样的方法设定 2011—2020 年的资本、劳动投入生产率的改善和 AEEI 率。

表 2-2 是用上述方法设定的 BAU 均衡中的 GDP 变化率和 CO_2 排放量变化率（2004—2020 年的变化率）。"模型"为从模型中导出的变化率，"差值"为模型测算值和 IEO 的预测值之间的差值（模型-IEO）。虽然存在若干差值，但是模型 BAU 均衡中的 GDP 变化率、CO_2 排放量变化率和 IEO 的预测值基本相同。由于用这种方法确定技术进步率，因此可以说模型中 BAU 均衡的设定与 IEO 的预测值相近。除了 IEO，还有其他系统可以提供 GDP、CO_2 排放量的预测值，虽然不能说 IEO 的预测值一定准确，但因为本章所用的 GTAP7inGAMS 使用的是 IEO 数据，且基于 GTAP 数据的模型比较容易处理，所以决定以 IEO 数据作为前提。

表2-2　　　从模型中导出的GDP变化率和CO_2排放量变化率
及其与IEO的预测值的差值

模型	GDP（%）		CO_2排放量	
	模型	差值	模型	差值
JPN	15.5	−1.4	−9.7	0.9
EUR	33.4	−1.4	−5.8	0.1
USA	43.6	−0.6	−4.6	−1.6
CAN	42.7	1.2	−13.0	1.3
ANZ	53.1	−1.0	16.2	0.4
RUS	73.6	−0.4	0.1	−1.7
CHN	255.5	−2.6	66.5	−2.0
IND	185.7	0.6	62.2	1.6
BRA	91.3	−3.7	54.4	−2.3
ASI	122.3	−0.7	44.2	−1.3
OPC	98.8	−2.2	65.2	1.7
ROW	71.0	1.9	21.9	0.3

注：2004—2020年的变化率。

资料来源：作者制表。

2.5.2　生产要素赋存量和政府支出

资本以外的其他生产要素即劳动、土地、天然资源的赋存量途径用下面的方法来处理。首先，就劳动而言，用于劳动和闲暇的总时间的变化率通过联合国的人口预测值来确定。模型中有可利用时间的变量，严格来说和人口不一致，但因为在多区域模型中关于可利用时间变化的预测值很难统计，所以这里作为代理变量使用了人口变化（的预测值）。

关于在土地和非化石燃料行业使用的天然资源，假定全部地区每年增加1%。对于剩下的化石燃料行业的天然资源，模型中作为特殊要素来处理，其赋存量在很大程度上决定着化石燃料的产量，具有非常重要的意义。这里把IEO数据中的CO_2排放比例作为参考，设定了化石燃料行业的天然资源的变化率。换言之，IEO数据中有2020年的石油、煤炭、天然气的CO_2排放比例（全世界）的预测值，为使从模型中导出的CO_2排放比例和该预测值相等，设定化石燃料行业的天然资源的变化率。假设全部地区的变化率相同。由此求得的年度变化率为：CRU 行业−4%、GAS 行业 3%、COL 行业 5%。根据 IEO 的预测值，石油的 CO_2 排放比例下降，煤炭、天然气的排放比例上升，所以 CRU 行业下降，COL、GAS 行业上升。

假定政府支出以 IEO 数据中 GDP 预测增长率的一半增加。也就是说，如果 IEO 数据中 2004—2020 年的 GDP 增长率为年均 10%，则政府支出的增长率为年均 5%。假定这种政府支出的途径在 BAU 均衡和排放规制的某种均衡下保持不变。

2.6　结语

本章对第 3 章模拟分析使用的 CGE 模型做出说明。随着 CGE 分析实用性的提高，在温室气体对策分析中 CGE 分析的应用越来越广泛。但是，CGE 分析由模型、数据、参数、模拟情形的设定等各种要素构成，分析结果会随着前提发生很大的变化。因而，要准确利用 CGE 分析，有必要详细把握分析前提。第 3 章将利用本章的模型，对排放量交易的国际接轨问题进行分析。从第 3 章的分析中可以得出很多关于排放规制政策的有用的考察，但是一定要注意，分析结果归根到底依存于本章说明的模型、数据、参数的设定。

[第3章]

排放量交易的国际接轨及 CDM 的经济分析

武田史郎、杉野诚、有村俊秀、山崎雅人

3.1 引言

根据第 1 章的讨论可知，通过使各国的排放量交易在世界上相互接轨，很可能以更低的负担实现排放量的削减。在实行后京都时代的中期排放量削减政策的情况下，通过引入国际接轨，会产生什么样的经济影响，本章利用可计算一般均衡模型（CGE 模型）进行定量分析。

在分析中，我们会用到基于第 2 章说明的 12 个地区、22 个行业的动态 CGE 模型的模拟分析。关于国际接轨的实施方法，此处列举直接接轨和间接接轨两个例子。直接接轨是指，在附件 B 地区（引入排放规制的地区）之间形成共同的排放权市场，并且允许地区间进行排放权交易的政策。间接接轨是指，附件 B 地区通过利用来自非附件 B 地区的清洁发展机制（CDM），购买 CER 形式的排放权的政策①。即使对直接接轨和间接接轨的引入进行了讨论，到底以什么形式实现还有很多不明确的部分。关于直接接轨的参加国模式以及关于间接接轨的 CER 供给量，这里假定多种模式进行分析。另外，就间接接轨而言，因为 CDM 被作为辅助手段，所

---

① 关于 CDM 的制度、现状，参见第 6 章。

以对限制 CER 使用的情况也进行了分析。

假定从后京都时代到 2020 年引入了排放规制，在引入直接接轨和间接接轨时会实现什么样的排放权价格和排放权交易量，模拟分析将在明确这一点的同时分析日本的收入、GDP、各产业所受到的影响。另外，在国际接轨的形成过程中，日本以外的地区受到接轨的影响也是重要因素，所以还分析了对日本以外地区的影响。

已有很多研究利用 CGE 模型分析排放量交易的国际接轨问题。例如，Bernstein 等（1999）、Bohringer（2002）、Bohringer 和 Rutherford（2010）分析了在执行《京都议定书》制定的削减政策的情况下，国际排放量交易和 CDM 的引入对收入（或 GDP）、产业产生的效果。Russ 等（2007）、OECD（2009）、Dellink 等（2010）对后京都时代的排放规制进行了同样的分析。另外，为近和伴（2009）分析了国际排放量交易和 CDE 对日本的影响。此外，还有很多研究，但大多以欧美或发达国家整体为主要分析对象，详细分析国际接轨对日本产生影响的研究则比较少。为近和伴（2009）分析了对日本的影响：①使用静态模型；②分析对象为《京都议定书》的削减政策；③分析焦点为俄罗斯的"热空气"和日本与中国间的CDM，内容上与我们的分析有很大不同。

本章构成如下：第 3.2 节和第 3.3 节说明模拟分析的情况，第 3.4 节到第 3.6 节提出模拟分析的结果。另外，关于模型参见本书的第 2 章，关于实际的国际接轨制度参见第 1 章和第 6 章等。

3.2　削减模拟情形的设定

3.2.1　进行削减的地区

现在，世界各国分别设定了自己的温室气体削减中期目标。在模拟中，可以有选择性地设定在哪个地区引入削减。本章假定日本（JPN）、欧盟 27 国（EUR）、美国（USA）、加拿大（CAN）、澳大利亚和新西兰（ANZ）、俄罗斯（RUS）这 6 个地区实施削减。除了上述 6 个地区，还有设定中期削减目标的地区，但这些削减地区的排放量较少，很难对世界排放权市场的动向产生影响。另外，印度等实现高速发展、排放量激增的国家，2020年之前引入大规模减排政策的可能性非常小。由于上述原因，仅限于排放量规模很大、对中期削减展示出一定程度的积极姿态的6个地区。严格来说，除了以上6个地区，还有被包含在附件B内的地区（东欧各国），以下为方便起见把这6个地区称作附件B地区。

3.2.2　削减率

虽然上述附件B地区各自设定了削减目标[①]，但是带有附加条件的设定比较多，目标削减率差异很大。其中，如果其他地区实施相应的削减，则会提高削减率，此类条件很多。在下文中，因为分析附件B地区同时实施削减的情况，所以满足了其他地区实施相应的削减的条件，选择的是各国提出的削减率的最大值。

表3-1中的"削减率（同基准年相比）"是选择了各国的削减率的最大值[②]。在模型中，因为把澳大利亚和新西兰统合为1个地区（ANZ），ANZ的削减目标采用了澳大利亚的数值。

表 3-1　　　　　　　　　模拟中各地区的削减目标

地区	基年	削减率（同基年相比，%）	削减率（同2020年相比，%）	削减量（2020年、MtCO$_2$）
JPN	1990	25	28	−304
EUR	1990	30	30	−1 106
USA	2005	17	18	−1 037
CAN	2005	17	17	−82
ANZ	2000	25	46	−208

资料来源：作者制表。

"削减率（同2020年相比）"基于IEO数据的CO$_2$排放量的预测值，

---

① 各地区的削减目标参见UNFCCC（http://unfccc.int/meetings/copenhagen_dec_2009/items/5264.php）。

② JPN、EUR等地区的记号参见第2章表2-1。

把同基年相比的削减率变换成同 2020 年相比的削减率①。模拟中把它设定为从 2020 年的 BAU 均衡得到的削减率。另外，"削减率（2020 年）"表示各地区从 2020 年的 BAU 均衡的 CO_2 排放量得出的必须削减的 CO_2 量。

另外，关于 RUS，同 1990 年相比削减 25%+IEO 排放量预测的情况下，2020 的排放量比排放目标值还小。换言之，同 2020 年相比的目标削减率为负值。目标削减率为负值的情况下，会产生"热空气"的问题，这里为了把这个问题排除②，假定（比实际的削减目标高）RUS 同 2020 年相比削减 5%。就同基准年相比的削减率而言，各地区的差异已经很大，如果同 2020 年相比的话会产生更大的差异。之所以产生如此大的差异，是因为除了同基年相比削减率存在差异之外，各地区从基准年到 2020 年的 CO_2 排放量增长率也有很大差异。

表 3-1 的"削减率（同 2020 年相比）"为 2020 年的削减率。在模拟分析中，利用动态模型对到 2020 年为止的经济进行了描绘。因此，虽然有必要设定面向 2020 年目标值的削减途径，但这里仅仅假定为了实现 2020 年的目标削减率，削减率每年以一定的比率增加。

3.3 　关于国际接轨的模拟情形

关于接轨的模拟情形，大体分为以下三种。第一是排放量交易市场没有接轨、各国独自进行削减的情形，称为 NLK 情形。在该情形下，附件 B 地区在本国国内进行削减以履行削减义务。由于没有国际排放权交易，各国国内排放权价格（边际削减成本）不均等，产生了差值。

第二是使排放量交易市场直接接轨的情形。这种是在附件 B 地区间创设共同的排放权市场，能够交易排放权的情形。创设共同市场的结果是，参加接轨的国家间排放权价格相等，边际削减成本也相等。第三是通过

---

① 　IEO 数据参见第 2 章第 2.2 节。
② 　当存在"热空气"时，"热空气"持有国以及其他削减国采取的行动存在各种各样的情况。关于这个问题，如 Bohringer（2002）、为近和伴（2009）等有过说明。

CDM 间接接轨的情形。在这种情形下，附件 B 地区通过从非附件 B 地区（非削减义务地区）购买 CER 来履行削减义务。下面对直接接轨、间接接轨的例子进行详细说明。

3.3.1　直接接轨的模拟情形

在直接接轨的情形下，设想附件 B 地区（JPN、EUR、USA、CAN、ANZ 和 RUS）间的排放量交易，关于国际接轨现阶段以哪种形式实现尚不明确，而且对于接轨有持积极态度的国家也有持消极态度的国家，关于哪些地区参加也不明确。在这里，假定全部附件 B 地区都参加接轨，并且参加的模式各种各样。分析的是表 3-2 中的从 DL1 到 DL5 的 5 种模式。首先，DL1 为全部附件 B 地区都参加。其他模式为有国家不参加的情况，DL2 为 USA 和 CAN 不参加，DL3 为 EUR 不参加，DL4 为 RUS 不参加，最后，DL5 为 JPN 不参加。综上所述，通过考虑到参加国的各种模式，可以分析参加国变化时接轨的效果如何变化。

表 3-2　　　　　　　　　　　接轨的模拟情形

模拟情形		说明
	NLK	未接轨
	DL1	全部附件 B 参加
	DL2	USA 和 CAN 不参加
直接接轨	DL3	EUR 不参加
	DL4	RUS 不参加
	DL5	JPN 不参加
	IL2	CER 供给量为 200MtCO$_2$
通过 CDM 间接接轨	IL4	CER 供给量为 400MtCO$_2$
	IL6	CER 供给量为 600MtCO$_2$
	IL8	CER 供给量为 800MtCO$_2$

资料来源：作者制表。

3.3.2　间接接轨的模拟情形

在直接接轨的情况下，设想削减义务国附件 B 地区间的接轨。相应地，在间接接轨的情况下，分析附件 B 地区通过 CDM 从非附件 B 地区购买 CER 这种形式的接轨。CDM 引入如下所述的模型。首先，外生性地设定非附件 B 地区的 CER 供给量。通过使非附件 B 地区的 CER 供给量等于附件 B 地区的 CER 需求量，来决定 CER 的交易价格。附件 B 地区购买 CER 时，可以减少国内的削减，但必须根据购买量向 CER 供给国支付费用（CER 价格×供给量），而 CER 供给国则根据提供的 CER 收取费用。

模拟分析中，外生性地设定了 CER 供给量，但是今后 CER 以什么程度供给仍不明确。因此，在间接接轨的模拟情形中，根据 CER 供给量的设定假定了多种情况。假定的情况为表 3-2 中的从 IL2 到 IL8 的 4 种情况。另外，关于 CDM，正如第 1 章所说明的那样，CDM 只是一种辅助的削减手段，在利用 CER 时附加某种限制的可能性比较大。因此，在间接接轨的模拟情形中，还分析对 CER 取得加以限制的情况。在存在限制的情况下，假定附件 B 地区购买 CER 的最大数量仅为其削减义务量的三成。

关于 CER 的总供给量设想了多种模式，在模拟分析中有必要确定非附件 B 地区供给的明细（供给比例）。用 UNFCCC 各地区的 CER 供给数据进行设定[①]。并且，作为接轨的模式，除了直接接轨，当然还要考虑实施间接接轨的情况。在本章，由于想要明确直接接轨和间接接轨的特征与差别，假定间接接轨的情况下附件 B 地区间不进行直接接轨。

从 IL2 到 IL8 的 200MtCO₂ 到 800MtCO₂ 的供给量为 2020 年的值。模拟分析中，将 2020 年的 CER 供给量水平设定为从 2011 年开始以固定比率增加 CER 供给量。

---

① http://cdm.unfccc.int/Statistics/Issuance/CERsIssuedByHostPartyPieChart.html（日期：2011/08/10）。非附件 B 地区的 CER 供给份额为：CHN=58%、KOR=11%、IND=15%、BRA=8%、ASI=2%、MEX=1%、OPC=0%、ROW=5%。

3.4　不接轨情况下的排放权价格

下面对模拟分析的结果进行说明。接轨的效果根据不接轨（各地区独自进行削减）的情况会产生很大的变化。特别地，因为进行接轨的主要优点在于，不同于在不接轨的情况下地区间的排放权价格（边际削减成本）存在很大差别的情形，所以首先要确认在不接轨的情况下各国的排放权价格存在多大的差别。

图 3-1 为不接轨时 2020 年各地区的排放权价格（美元/tCO₂）。可以看到，ANZ、JPN、EUR 比较高，RUS、USA、CAN 比较低。最高的 ANZ 和最低的 RUS 大约相差 180 美元，另外 JPN 和 USA 也相差 67 美元。由此可知，不接轨时独自进行削减的情况下各国的排放权价格（边际削减成本）之间存在很大的差别。这说明接轨的潜在利益巨大。

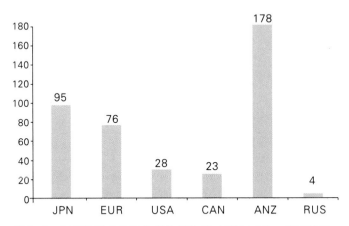

图 3-1　不接轨时各地区的排放权价格（美元/tCO₂，2020 年）

资料来源：作者制图。

排放权价格差别很大的原因之一在于各地区的削减率存在差异。实际上，排放权价格最高的 ANZ，其削减率最高，为 46%；而排放权价格最低的 RUS，其削减率最低，为 5%。但是，从削减率来看 EUR 比 JPN 高，而从排放权价格来看 JPN 则高出近 20 美元。由此可知,除了削减率,地区间的特性差异也是排放权价格产生差别的主要原因。

3.5　直接接轨的效果

3.5.1　排放权交易量

表 3-3 为直接接轨的情况下各国的排放权进口量(2020 年,如为负值则表示出口量)。接轨时,边际削减成本较高的 ANZ、JPN、EUR 为主要排放权进口国,边际削减成本较低的 RUS、USA、CAN 为主要出口国。但是,随着参加国的变化,模式也会多少产生变化。例如,由于 DL3 中最大的进口国 EUR 不参加,在其他情况中为出口国的 USA 变成了进口国。另外,即使进口和出口的模式不发生转变,随着参加国的变化,进口量和出口量也产生很大变化。例如,由于 DL2 中原本为出口国的 USA、CAN 不参加,因此其他出口国 RUS 的出口量增加,并且 JPN、EUR 的进口量减少。综上所述,参加国变化时,会对排放权的需求和供给产生影响,其结果是国际排放权价格产生变化,由此对其他国家的排放权交易量也产生影响。

表 3-3　　　　　　　　排放权的进口量（MtCO$_2$,2020 年）

地区	DL1	DL2	DL3	DL4	DL5
JPN	117	96	150	85	0
EUR	376	285	0	235	411
USA	-148	0	69	-353	-96
CAN	-26	0	-5	-46	-21
ANZ	96	84	114	79	100
RUS	-416	-465	-328	0	-395

资料来源:作者制表。

3.5.2 国内削减率和排放权价格

表 3-4 总结了直接接轨对日本的影响。以下各表中的数值基本上表示 2020 年的数值。首先，"CO_2 削减率（%）"为日本国内实际削减率、"排放权价格"为日本国内的排放权价格（美元/吨）。日本参加接轨的情形即从 DL1 到 DL4 为日本国内排放权价格=国际排放权价格，在 DL5 中日本国内排放权价格和国际排放权价格产生了偏差。"排放权进口量（$MtCO_2$）"表示参加接轨时日本的排放权进口量。由于日本基本上为进口国，因此全部为正值。不参加接轨的 NLK 和 DL5 中的进口量为 0。进口量乘以排放权价格等于为购买排放权而向国外支付的费用。

"收入""GDP"分别为收入和 GDP 于 2020 年根据 BAU 数值得到的变化率[①]。另外，为便于参考，还列出了直接接轨对消费、投资、出口、进口、就业的效果[②]。这些全部为 2020 年根据 BAU 数值得到的变化率。

表 3-4 直接接轨对日本的影响

	NLK	DL1	DL2	DL3	DL4	DL5
CO_2 削减率	28	17	19	14	20	28
排放权价格（美元/吨）	95	35	43	25	47	94
排放权进口量（$MtCO_2$）	0	117	96	150	85	0
收入	−0.29	−0.15	−0.18	−0.12	−0.20	−0.30
GDP	−0.72	−0.24	−0.3	−0.16	−0.33	−0.72
消费	−0.84	−0.37	−0.45	−0.28	−0.49	−0.84
投资	−0.49	−0.25	−0.29	−0.19	−0.32	−0.51
出口	−2.98	−0.92	−1.18	−0.67	−1.31	−2.92
进口	−2.40	−1.25	−1.44	−1.05	−1.59	−2.33
就业	−0.57	−0.19	−0.23	−0.13	−0.26	−0.57

注：未特别注明单位的数值为根据基准值得到的变化率（%）。

资料来源：作者制表。

---

① 严格来说，收入的变化率被定义为"100×等价变动部分/BAU 时的收入"。这一定义下的收入的变化率由于在模型中等于代表性家庭的效用水平的变化率，因此可以解释为福利的变化率。

② 就业是指均衡状态下劳动供给量=需求量。

根据表3-4可知，由于参加了接轨，日本国内削减率大幅减少，同时日本国内排放权价格也大幅降低。例如，原本削减义务率为不参加接轨（NLK）时的28%，在全部附件B地区参加接轨的DL1中削减率为17%，降低了11%。削减义务的11%通过购买排放权得以实现，用比率来表示的话，削减义务量的近四成通过购买排放权来实现。由于DL3中排放权进口国的EUR不参加，因此，相应地，日本的排放权购买量增加，日本国内削减率比DL1还低，达到不参加接轨时的一半即14%。由于DL2、DL4中本来是排放权出口国的USA、RUS不参加，因而日本的排放权购买量减少，日本国内削减率上升。

由于参加了接轨，日本国内削减率减少，同时日本国内排放权价格也大幅降低。相对于不接轨时的95美元，最低达到DL3的25美元，降低到不接轨时的约1/4。DL1中为35美元，降低到不接轨时的约1/3。从排放权价格（边际削减成本）大幅降低的情况来看，通过参加接轨，日本可能获得很大收益。并且，在只有日本不参加接轨的情况（DL5）下，日本的排放权价格基本和NLK一样，没有变化。这表明了日本以外的国家进行接轨对日本的溢出效果比较小。

3.5.3 对收入和GDP的效果

下面，作为表示对日本整体的效果的变量，看一下对收入和GDP的效果。NLK中收入和GDP分别减少0.29%和0.72%。问题在于参加接轨能在多大程度上减弱这些负面效果。首先看对收入的效果，与不接轨相比，全部附件B地区参加接轨的DL1中负面效果减弱到将近一半。与DL1相比日本国内削减率较小的DL3中，负面效果进一步减弱，达到四成左右。另外，与DL1相比日本国内削减率增大的DL2和DL4中，负面效果比DL1扩大了少许。但是，即使这样也比NLK缩小了四成左右。

关于对GDP的效果，除去与对收入的效果进行比较、模拟情形间的差异很大这点不同之外，表现出基本相同的变化。相对于不接轨时（NLK）的-0.72%，缩小到DL1中的-0.24%，缩小到1/3，在DL3中负面效果更是缩小到约1/5。综上所述，参加接轨使日本受到的来自排放规制的负面效果大幅减弱。负担减轻的幅度取决于哪个国家是否参加接轨，即便在减轻幅度最小的情况下，收入的负担减轻四成，GDP的负担减轻五成。另外，DL5 与 NLK 基本相同。这意味着，日本不参加接轨时，其他地区不管是接轨还是完全不接轨，对日本来说都是相同的。

3.5.4　对 EITE 部门的效果

以上阐述了对日本整体的影响，下面确认对各行业的影响。在引入排放规制的情况下，能源密集型且面临国际竞争的部门（能源密集型贸易产品部门，EITE 部门[①]）会受到很强的负面影响。在这里，让我们确认一下对日本 EITE 部门生产量产生的影响。表 3-5 为 2020 年 EITE 部门的生产量根据 BAU 数值得到的变化率[②]。首先，不接轨时 EITE 整体减少4.5% 的生产。特别是对于钢铁行业（I_S）的负面效果很大。可以看出，由于参加接轨，负面效果有大幅减弱的趋势。钢铁行业的生产在 NLK 中减少 14.3%，在 DL1 中减少 5.6%，在 DL3 中减少 4%，与 NLK 相比减小了约 10%。虽然其他行业的绝对值不如钢铁行业那么大，但是很多情况下可以通过接轨将负面效果减弱到原来的一半。综上所述，参加接轨，不仅在整体上减少了负面效果，而且对各部门的负面效果也大幅减弱。在日本，对于 CO_2 的排放规制，产业界特别是能源密集型且面临国际竞争的钢铁行业反对的声音最强烈。实际上，正如模拟情形 NLK 表示的那样，虽然预计对钢铁行业造成很大的负面影响，但是本章的分析暗示着，这种负面效果随着排放规制的引入和排放量交易接轨的构建大幅减弱[③]。

[①]　EITE 部门为 Energy-intensive trade-exposed sector（能源密集型贸易产品部门）的简称。

[②]　各行业的缩写请参见第 2 章的模型说明。

[③]　排放限制给 EITE 部门带来很大的负面影响，这个问题是气候变暖对策讨论的焦点，由此展开各种对策研究。例如，武田等（2010）和 Takeda 等（2011）分析了基于产量排放权的无偿分配（OBA）的对策，武田等（2011）分析了国境调整措施的对策。

表3-5　直接接轨对EITE部门生产量的效果（根据BAU数值得到的变化率，%）

	NLK	DL1	DL2	DL3	DL4	DL5
FSH	−2.3	−0.9	−1.1	−0.7	−1.2	−2.3
OMN	−1.1	−0.4	−0.5	−0.3	−0.5	−1.0
PPP	−0.7	−0.2	−0.3	−0.2	−0.3	−0.7
CRP	−2.5	−0.7	−0.9	−0.4	−1.0	−2.4
NMM	−1.9	−0.7	−0.8	−0.3	−0.9	−2.0
NFM	−0.1	0.6	0.3	0.6	0.9	−0.8
I_S	−14.3	−5.6	−6.7	−4.0	−8.0	−14.1
EITE	−4.5	−1.6	−2.0	−1.1	−2.3	−4.6

资料来源：作者制表。

3.5.5　对其他附件B地区的效果

可以理解日本希望参加接轨，实际上，国际接轨的切实构建不仅会给日本带来利益，也必然会给其他地区带来利益。在这里，需要确认日本以外的参加国能否通过接轨获利。因为到现在为止，主要从收入和GDP来考察接轨产生的利益，所以在此也对这两个数值进行确认。

表3-6为接轨情况下收入（GDP）的变化率和不接轨情况下（NLK）除去日本以外的附件B地区的收入（GDP）的变化率的差值，如果为正值，则表示参加接轨时排放规制对收入（GDP）的负面效果比较小。因为要确认接轨参加国的获利情况，所以去掉了不参加国的部分（DL2的USA、CAN等）。

收入全部是正值，可以确认参加接轨通常比不参加能获得更多利益。关于日本以外的地区，在对收入的影响方面，可以看出能够通过构建接轨获得利益。对GDP的效果则与对收入的效果不同。如表所示，参加接轨的情况下对GDP的负面效果扩大的情况很多。特别是，USA、CAN、RUS参加接轨后对GDP的负面效果基本上都有所扩大。这是由直接排放量交易政策的性质决定的必然结果。

表 3-6　　　　　　　　　　直接接轨对其他国家的效果

	地区	DL1	DL2	DL3	DL4
	EUR	0.11	0.08	*	0.07
	USA	0.00	*	0.00	0.02
收入	CAN	0.04	*	0.02	0.04
	ANZ	0.78	0.68	0.87	0.62
	RUS	1.29	1.86	0.64	*
	EUR	0.31	0.25	*	0.22
	USA	−0.08	*	0.03	−0.22
GDP	CAN	−0.13	*	−0.03	−0.25
	ANZ	1.38	1.30	1.49	1.25
	RUS	−2.03	−2.50	−1.42	*

注：*表示不参加接轨。

资料来源：作者制表。

直接排放量交易可以使双方都获利：边际削减成本高的国家可以不削减，而是进口排放权；边际削减成本低的国家可以增加削减量，出口排放权。这种"获利"是增加"收入（福利）"的意思，不是增加生产的意思。排放权进口国因为通过进口排放权来减少削减量，所以能使收入和生产增加；而排放权出口国由于通过减少生产、增加削减量，从而出口排放权，所以，收入增加，生产减少。因此得到了上面的结果。

一般来说，排放规制能使收入和 GDP 都增加，收入和 GDP 受到同方向影响的情况比较多，但通过上面的例子，在国际排放量交易的情况下，收入和 GDP 也会产生相反的变化。一定要注意，如果把收入的提高作为政策的首要目的，则直接接轨对全部参加国来说有利的可能性比较大，而从 GDP 的角度来看不一定会获利（排放权出口国的 GDP 很可能减少）[①]。

----

①　在此，排放权的进出口在 GDP 的计算里不包含在进出口中。假定把排放权的进出口与通常的产品和服务的进出口一样对待的话，上述讨论需要修正。

3.6　间接接轨的效果

下面，对通过 CDM 间接接轨的效果进行讨论。间接接轨下，对 CER 的使用有无限制两种情况进行比较说明。

3.6.1　CER 交易量

首先，看一下间接接轨下的 CER 交易量。图 3-2 为附件 B 地区的 CER 购买量。对 CER 的使用没有限制的情况下，CER 供给量由 200MtCO$_2$ 增加到 800MtCO$_2$，附件 B 地区的购买量也随之增加。但是，购买地区主要是 EUR、JPN、ANZ。这三个地区为主要购买国的原因是其边际削减成本非常高。特别是，EUR 规模大、购买量很大。USA 虽然规模上比 EUR 大，但边际削减成本比较低，所以基本不购买。

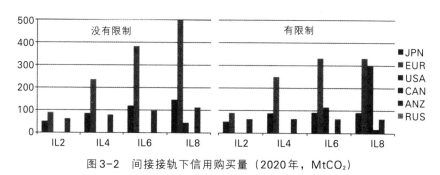

图 3-2　间接接轨下信用购买量（2020 年，MtCO$_2$）

资料来源：作者制图。

CER 的购买有限制的情况下，同样 EUR、JPN、ANZ 为主要购买国。但是，随着 CER 供给量的增加，这三个地区的 CER 购买限制变成捆绑（ANZ 为 IL4，JPN 和 EUR 为 IL6，达到 CER 购买限制）。因此，其他地区也购买相应的 CER。USA 的 CER 购买量在没有限制的情况下即 IL8 下很少，只有 44MtCO$_2$，有限制时大幅增加到 300MtCO$_2$。上述结果表明，根据 CER 的购买有无限制，各国的购买量会发生很大的变化。

3.6.2　国内削减率和排放权价格

表 3-7 表示了间接接轨给日本带来的效果。与表 3-4 相同的项目表示相同的意思。"CER 使用上限（MtCO$_2$）"为日本的 CER 购买上限（削减义务量的三成）、"CER 价格"为国际上的 CER 价格。另外，"CER 溢价"为国内排放权价格和 CER 价格的偏离值。不捆绑 CER 购买限制时，由于CER 价格＝国内排放权价格，CER 溢价为 0；捆绑 CER 使用限制时，CER溢价为正值。"CER 购买量（MtCO$_2$）"为日本的 CER 购买量。从表中可以看出，CER 价格随着 CER 供给的增加而降低。在没有限制的情况下，IL2 下降到 64 美元，IL8 下降到 26 美元。由于在有限制的情况下 CER 的需求被抑制，因此相比没有限制的情况，CER 价格整体降低。

表 3-7　　　　　　　　　　　　间接接轨对日本的影响

	NLK	没有限制				有限制			
		IL2	IL4	IL6	IL8	IL2	IL4	IL6	IL8
CO$_2$削减率（%）	28	23	20	17	15	23	20	20	20
排放权价格（美元/吨）	95	64	47	34	26	64	46	44	44
排放权进口量（MtCO$_2$）									
CER 使用上限（MtCO$_2$）						91	91	91	91
CER 价格（美元/吨）		64	47	34	26	64	46	23	16
CER 溢价（美元/吨）		0	0	0	0	0	0	21	28
CER 购买量（MtCO$_2$）		50	85	119	146	50	88	91	91
收入	−0.29	−0.24	−0.20	−0.15	−0.12	−0.24	−0.19	−0.16	−0.15
GDP	−0.72	−0.47	−0.33	−0.23	−0.17	−0.47	−0.32	−0.33	−0.33
消费	−0.84	−0.63	−0.49	−0.37	−0.29	−0.63	−0.48	−0.43	−0.42
投资	−0.49	−0.39	−0.31	−0.25	−0.20	−0.39	−0.31	−0.26	−0.25
出口	−2.98	−1.89	−1.33	−0.92	−0.67	−1.89	−1.29	−1.45	−1.51
进口	−2.40	−1.94	−1.59	−1.27	−1.04	−1.94	−1.56	−1.44	−1.42
就业	−0.57	−0.36	−0.26	−0.18	−0.13	−0.36	−0.25	−0.27	−0.28

注 1：未特别标记单位的数值为根据基准值得到的变化率（%）。

注 2：间接接轨中，因为没有直接的排放权购买，所以为空栏。

资料来源：作者制表。

然后是日本的国内削减率，在没有限制的情况下，随着 CER 供给量的增加，CER 购买量增加，国内削减率减少。IL8 下，与 NLK 相比，国内削减率几乎减半。随着国内削减率降低，国内排放权价格也随之下降。IL2 下大约下降 30 美元，IL8 下大约下降 70 美元。由于 CER 购买没有限制，CER 溢价（国内排放权价格-CER 价格）通常为 0。

此外，在有限制的情况下，由于 IL4 下的限制基本捆绑在一起，从 IL4 到 IL8 的国内削减率固定为 20%。国内排放权价格到 IL6 降低，后面不发生变化。相对于从 IL6 到 IL8 的排放权价格不变，由于 CER 价格降低，这部分的 CER 溢价上涨。

3.6.3 对收入和 GDP 的效果

在没有限制的情况下，随着国内削减率的降低，收入的降低率减少。相对于 NLK 下 0.29% 的减少，IL8 下减少 0.12%，降低率减少到一半以下。对于 GDP，同样的结果也成立。相对于 NLK 下 0.72% 的减少，IL8 下减少到大约 1/4，为 0.17%。由于直接接轨和间接接轨的假定有相当大的差别，很难直接比较，IL6 的情况和直接接轨下 DL1 的情况大体产生相同的效果。

在有限制的情况下，由于从 IL2 到 IL4 没有捆绑 CER 购买限制，与没有限制的情况基本相同。但是，IL4 下的数值与没有限制的情况相比存在少许不同。这是由于其他国家（ANZ）捆绑限制，对日本的效果产生了一定的影响。虽然从 IL4 到 IL8 的 CER 购买量、国内削减率、国内排放权价格基本不变，但是从 IL4 到 IL8 的收入负面效果缩小。这是由于从 IL4 到 IL8 的 CER 价格降低，对国外的支付变少。特别是，由于从 IL4 到 IL6 的 CER 价格大幅降低，所以对收入的效果也相应变小。

关于对 GDP 的效果，到 IL4 为止，随着 CER 供给量的增加，负面效果减弱。对 GDP 的效果，相对于 NLK 的 0.72%，在 IL4 下缩小为一半以下，达到 0.32%。虽然这与对收入的效果一样，但是 IL6、IL8 下对 GDP 的负面效果稍有扩大。理由如下：日本在 IL4 下基本捆绑限制，国内削减率无法再降低，其他的附件 B 地区由于日本不购买而代替购买（参见图 3-2）。其他国家如果购买 CER，就会降低其国内削减率，增加生产。这使日本出口减少，给日本的 GDP 带来降低压力。这是 IL6、IL8 下日本的 GDP 少许恶化的原因。

3.6.4　对 EITE 部门的效果

关于间接接轨，与直接接轨同样，确认一下对 EITE 部门生产的效果。表 3-8 为间接接轨下对 EITE 部门生产量的效果。可知，随着 CER 供给（购买）的增加，对 EITE 部门的负面效果大幅减弱。相对于 NLK 的 4.5%的生产减少，没有限制的情况下 IL8 下减少 1.3%、负面效果缩小到 1/3 以下。特别是，对钢铁行业的负面效果大幅减弱。有限制的情况下，从 IL4 到 IL6 的负面效果基本不变，从 IL6 到 IL8 扩大少许。负面效果扩大，其理由与 GDP 的负面效果扩大的理由相同。根据 CER 的供给量、对 CER 购买的限制，结果产生很大变化，但是不管哪种情况下，通过参加间接接轨，对 EITE 部门的负面效果都很可能大幅减弱。

表 3-8　间接接轨对 EITE 部门生产量的效果（根据 BUA 数值得到的变化率，%）

	NLK	没有限制				有限制			
		IL2	IL4	IL6	IL8	IL2	IL4	IL6	IL8
FSH	−2.3	−1.6	−1.2	−0.9	−0.7	−1.6	−1.2	−1.1	−1.1
OMN	−1.1	−0.7	−0.5	−0.4	−0.3	−0.7	−0.5	−0.5	−0.5
PPP	−0.7	−0.4	−0.3	−0.2	−0.2	−0.4	−0.3	−0.3	−0.3
CRP	−2.5	−1.5	−1.1	−0.7	−0.5	−1.5	−1.1	−1.1	−1.2
NMM	−1.9	−1.3	−0.9	−0.6	−0.5	−1.3	−0.9	−0.9	−1.0
NFM	−0.1	0.1	0.4	0.5	0.5	0.1	0.5	0.3	0.0
I_S	−14.3	−10.3	−7.9	−5.9	−4.6	−10.3	−7.7	−7.6	−7.6
EITE	−4.5	−3.2	−2.4	−1.7	−1.3	−3.2	−2.3	−2.3	−2.4

资料来源：作者制表。

3.7　结语

本章利用 CER 模型分析了在实行后京都时代的削减政策的情况下，引入国际接轨对排放量交易的影响。假定 2011 年以后附件 B 地区引入削减政策，并对以下三种模式进行了分析，即各地区独自进行削减、附件 B 地区间进行排放量交易（直接接轨）、附件 B 地区从非附件 B 地区购买 CER（间接接轨）。

主要的分析结果汇总如下：首先，通过参加直接接轨，日本排放规制对收入、GDP 的负面效果得到大幅减弱（关于收入，减弱了三成到六成；关于 GDP，减弱了五成到八成）。另外，不只是整体负担得到减轻，EITE 部门（特别是钢铁行业）的负面效果也大幅减弱。而且，就参加国的变化给日本带来的影响而言，欧盟 27 国不参加会使日本获利，而美国、俄罗斯不参加则会给日本带来损失。就对日本以外的附件 B 地区的影响而言，从收入来看，其他附件 B 地区与日本一样，通过参加接轨获利；在排放权出口国（美国、加拿大、俄罗斯），对 GDP 的负面效果扩大。

关于间接接轨，得到了如下结果：首先，在 CER 使用没有限制的情况下，随着 CER 供给量的增加，从收入和 GDP 两个方面来看，日本都会获得正面效果。其次，对 EITE 部门的负面效果，也和直接接轨同样，发现了大幅减弱的结果。另外，在 CER 使用有限制的情况下，日本的 CER 供给量基本达到使用上限的 $400 \mathrm{MtCO_2}$，即使再增加 CER 供给量，也不会降低国内削减率。但是，达到 CER 使用上限之后，随着 CER 供给的增加，从收入来看，日本获得正面效果。这是由于 CER 价格下降、对国外的支付减少。再次，在捆绑 CER 使用之后，由于 CER 供给量的增加，GDP 受到负面影响。这是由于其他附件 B 地区取代日本购买 CER，使生产增加，产生抑制日本出口的效果。

为了观察上述结果如何依赖于模型的设定，对替代弹性值、削减率进行了敏感性分析，发现设定改变后效果的绝对值会产生很大的变化，但同时发现接轨会使排放规制对收入、GDP 的负面效果得到大幅减弱的定性结果不会发生变化[①]。

现在，虽然已经广泛认识到有必要切实引入全球气候变暖对策，但是

_____

① 为了节省篇幅，省略了敏感性分析的结果。敏感性分析的计算结果可以联系作者获取。

就连发达国家也迟迟没有进展，主要理由就是担心排放规制给经济带来新的负担。确实，本章的模拟分析也得出，随着排放规制的引入，EITE部门的生产大幅减少，甚至给全国整体的收入、GDP带来负面影响。但是，与此同时，随着排放规制的强化，通过构建国际接轨可以大幅减弱这种负面效果。结果表明，为了有效实行排放规制，不只是各国独自引入排放量交易制度，还应该考虑将这种排放量交易制度进行国际接轨。

[第4章]
基于行业细分化模型的二氧化碳排放规制的产业影响评价
山崎雅人

4.1 引言

全球贸易分析模型（global trade analysis project，GTAP）数据是由美国普渡大学的国际贸易分析项目组开发的国际投入产出表。2011年10月的 GTAP 7.1 数据由 112 个国家和地区的 57 个行业构成[①]。GTAP 数据是以各国公布的产业关联表、贸易统计数据及其他宏观经济数据为基础形成的（Badri 和 Walmsley，2008）。GTAP 数据对于众多的多区域、多行业应用一般均衡模型（computable general equilibrium model，CGE 模型）的构建是世界性的、不可缺少的数据。

利用 GTAP 数据构建的 CGE 模型，正如其名称所表明的那样，多用于评价贸易政策对经济产生的影响。近年来，全球气候变暖问题成为重要的国际性问题，利用 GTAP 数据构建的 CGE 模型也被用来评价二氧化碳排放规制的影响。第 2 章和第 3 章主要介绍了二氧化碳排放规制的 CGE 模型，这些研究也全部利用了 GTAP 数据。

但是，根据现有的 GTAP 数据评价二氧化碳排放规制的经济影响时，

---

① 全球贸易分析模型详见：https://www.gtap.agecon.purdue.edu/（最终浏览日：2011年10月23日）。

仍有不妥的地方，即现有的 GTAP 数据没有把主要的碳密集型行业作为独立的行业来对待。现有的 GTAP 数据对在贸易政策方面容易出现问题的农业进行了详细的行业划分。但是，对于在二氧化碳排放规制方面日益出现问题的制造业，却没有进行足够详细的行业划分。例如，水泥行业、玻璃制品、陶瓷产品等均被归为"非金属矿物（non-metallic minerals）"行业。水泥行业在生产工程、产品用途、贸易状况和成为原料的石灰生产[①]等方面，与其他"非金属矿物"相比具有不同的特征。因此，为了正确评价二氧化碳排放规制给水泥行业带来的影响，最好把水泥行业作为独立的行业来对待。

同样，对于铝行业和化学行业也适用。通常，铝冶炼要消耗很多电力，与此同时会排放大量的二氧化碳。但是，就日本的铝行业而言，铝土矿几乎全部依赖进口，在日本国内基本不冶炼。因此，与其他国家的铝行业相比，电力消耗量少，预计受到二氧化碳排放规制的影响也小。但是，现有的 GTAP 数据则把铝行业与其他在二氧化碳排放量方面特征不同的铜和铅等行业一起归为"有色金属（non-ferrous metals）"行业。如果将日本的铝行业纳入考虑，则需要与其他有色金属行业分开考虑。另外，现有的 GTAP 数据把"化学、橡胶和塑料制品（chemical，rubber，plastic products）"归为化学行业这一个行业。但是，考虑到制造时的能源消耗量和附加价值率，最好把化学行业分为基础化学制品行业[②]、塑料和橡胶制品行业、化学最终制品行业。

对于 GTAP 数据，为了使碳密集型行业的特征得到适当反映，对碳密集型行业做出更详细的划分是很重要的。这样做的话，有可能展开更详细的分析。本章利用 GTAP 数据以外的各种统计数据以及与 GTAP 数据对应的数据调整软件（SplitCom），对现有的 GTAP 数据添加新的碳密集型行业（GTAP 数据的行业细分化）。并且，基于行业细分化（以下简称细分化）

---

① 为了生产石灰,在分解石灰石时会排出二氧化碳。

② 基础化学制品由苏打水工业制品等无机化学工业制品、除塑料和合成橡胶以外的有机化学工业制品构成。

的GTAP数据，利用CGE模型，对二氧化碳排放规制的产业影响进行更详
细的评价。

4.2　GTAP数据的行业细分化方法

4.2.1　SplitCom的利用

本部分将说明对现有的GTAP数据进行细分化的方法。将新的行业
（以下简称新行业）添加到GTAP数据中，意味着从现有的GTAP数据中存
在的行业（以下简称现有行业）分割出新行业。分割时，利用GTAP数据
的分割程序SplitCom。如下文所述，SplitCom是利用新行业相对于现有行
业的各种比例数据进行分割的程序（Horridge，2008）。利用SplitCom，可
以在分割数据的同时进行数值调整，所以也能保持作为GTAP数据的国际
投入产出表的完整性。

以下说明利用SplitCom进行数据分割所需要的各种比例数据，具体包
括三类：①成本份额；②用途份额；③贸易份额。

成本份额是指，投入新行业的各种中间投入品和生产要素投入品
的数量占投入现有行业的各种中间投入品和生产要素投入品的数量[①]
的比例。图4-1表示的是从非金属矿物行业分割出水泥行业的情况。
根据这张图，例如，成本份额是指，在投入非金属矿物行业（现有行
业）的服务投入量中投入水泥行业（新行业）的服务投入量所占的比
例。关于现有行业的全部中间投入品及生产要素投入品，要准备成本
份额。

用途份额是指，投入某个行业（中间投入）或被消费（最终消费）的
现有行业的产品和服务中新行业所占的比例。再来看图4-1。用途份额是
指，例如，投入建筑行业的非金属矿物行业（现有行业）中水泥行业（新
行业）所占的比例。有关所有行业的投入和消费，要准备用途份额。

---

① 因为投入产出表是基于金额形成的，因此在计算份额时用金额代替数量。

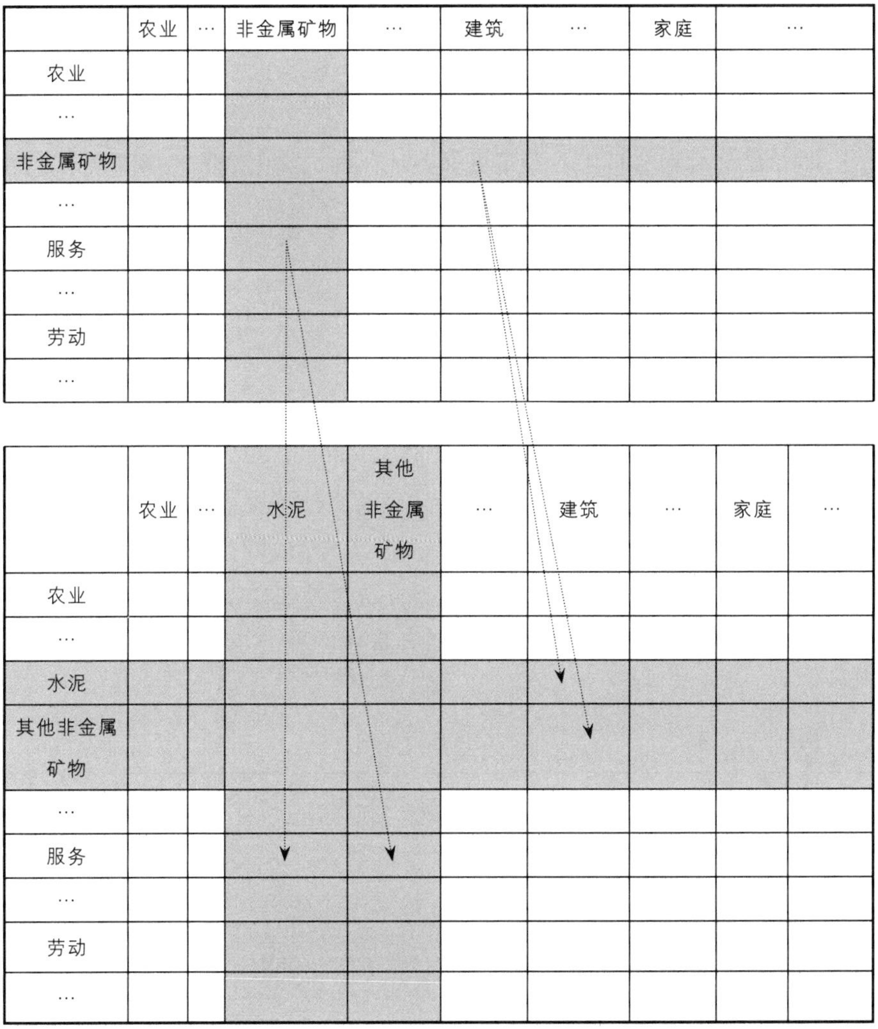

	农业	…	非金属矿物	…	建筑	…	家庭	…
农业								
…								
非金属矿物								
…								
服务								
…								
劳动								
…								

	农业	…	水泥	其他非金属矿物	…	建筑	…	家庭	…
农业									
…									
水泥									
其他非金属矿物									
…									
服务									
…									
劳动									
…									

图 4-1　GTAP 数据的行业细分化图解

资料来源：作者制图。

另外，由于 GTAP 数据是国际投入产出表，因此也包括各产品的国家和地区之间的贸易数据。尽管图 4-1 中没有显示，但贸易数据也有必要从现有行业分割出新行业。如果要使用 SplitCom，则有必要知道现有行业的产品的国家和地区之间贸易中新行业所占的比例（贸易份额）。以水泥行业为例，贸易份额是指，日美间交易的非金属矿物行业中水泥行业所占的比例。关于国家和地区之间贸易的全部组合，贸易份额是必要的。

4.2.2 GTAP数据的细分化作业流程

在本章的模拟分析中，为了更详细地评价二氧化碳排放规制对产业的影响，对现有的GTAP数据进行如下细分：

（1）把"非金属矿物（non-metallic minerals）行业"分为"水泥行业"和"其他非金属矿物行业"。但是，水泥行业包括石灰和石膏。

（2）把"有色金属（non-ferrous metals）行业"分为"铝行业"和"其他有色金属行业"。但是，铝行业不仅包括铝土矿，还包括冷压产品。

（3）把"化学（chemical-rubber-plastic products）行业"分为"基础化学制品行业""塑料和橡胶制品行业""化学最终制品行业"。

本章的模拟分析使用GTAP数据，国家、地区和行业的分类见表4-1。行业方面，左边是细分化前的行业分类，右边是细分化后的行业分类。本章第4.3节的模拟分析使用细分化后的行业分类。

表4-1　　　　　　　　　　国家、地区与行业的分类

国家和地区			行业		
				细分化前	细分化后
JPN	日本	AFF	农林水产业	AFF	农林水产业
KOR	韩国	COL	煤炭	COL	煤炭
CHN	中国	CRU	原油	CRU	原油
IND	印度	GAS	天然气	GAS	天然气
IDN	印度尼西亚	OIL	石油煤炭制品	OIL	石油和煤炭制品
MYS	马来西亚	ELE	电力	ELE	电力
THA	泰国	NMM	非金属矿物	CEM	水泥
EUR	欧盟27国（EU27）			ONM	其他非金属矿物
CAN	加拿大	I_S	钢铁	I_S	钢铁
USA	美国	NFM	有色金属	ALM	铝
BRA	巴西			ONF	其他有色金属
AUS	澳大利亚	MTP	金属制品	MTP	金属制品
RUS	俄罗斯	OMN	矿物	OMN	矿物
MOP	主要产油国	TWL	纤维制品	TWL	纤维制品
ROW	其他国家和地区			BCM	基础化学制品
		CRP	化学制品	PRP	塑料和橡胶制品
				CFP	化学最终制品
		MCE	机械	MCE	机械
		OMF	其他制造业	OMF	其他制造业
		PPP	造纸	PPP	造纸
		CNS	建筑	CNS	建筑
		TRS	运输	TRS	运输
		SER	服务	SER	服务

资料来源：作者制表。

　　细分化的步骤如下。首先，利用各国的投入产出表，可以得到前述的成本份额和用途份额的数据。这是因为，很多现有的 GTAP 数据中不存在的行业，在各国的投入产出表中是被作为一个独立的行业来列示的。但是，对于无法取得其投入产出表的国家，或者必要的新行业在投入产出表中没有被作为独立的行业来列示的国家，则需要利用投入产出表以外的统计数据（新行业的生产额等），创建 SplitCom 用的比例数据。

　　除了成本份额和用途份额，还需要创建贸易份额的数据。创建贸易份额的数据时，利用联合国贸易统计数据库 UN Comtrade[①]。具体来说，利用 UN Comtrade，可以得到2004年现有行业和新行业的产品在各个国家和地区之间的贸易额，得到各个国家和地区之间的贸易中新行业的贸易份额的数据。

　　利用这些方法收集到的成本份额、用途份额和贸易份额的比例数据与细分化前的 GTAP 数据一起由 SplitCom 的程序来读取，创建细分化的 GTAP 数据。一系列的作业流程如图4-2所示。

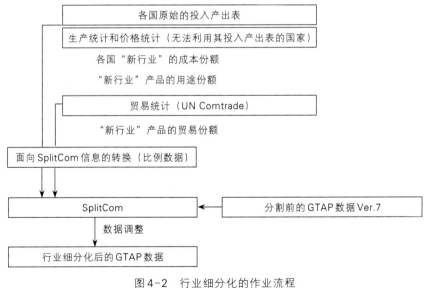

图4-2　行业细分化的作业流程

资料来源：作者制图。

---

　　①　UN Comtrade http://comtrade.un.org/（最终浏览日：2011年10月23日）。

4.2.3　成本份额、用途份额和贸易份额的信息

如前所述，就成本份额和用途份额的数据而言，对于其投入产出表可资利用的国家，利用其投入产出表；对于无法利用其投入产出表的国家或者必要的新行业在其投入产出表中没有被作为独立的行业列示的国家，利用投入产出表以外的统计数据等，从而创建分割用的比例数据。

本章利用了日本、中国、韩国、美国、加拿大、澳大利亚六个国家的投入产出表。具体有日本 2005 年投入产出表（总务省，2009）、中国 2007 年投入产出表（国家统计局，2009）、韩国 2005 年投入产出表（韩国银行，2008）、美国 2002 年投入产出表（美国经济分析局，2007）、加拿大 2007 年投入产出表（加拿大统计局，2010），澳大利亚 2006 年投入产出表（澳大利亚统计局，2010）。对于无法利用其投入产出表的国家和地区的水泥行业分割问题，处理如下：从美国地质勘探局（2004 a）取得各个国家和地区的水泥生产量，再用生产量乘以水泥单价，由此计算出 2004 年的生产额。因为很难取得各个国家和地区的水泥单价，因此用各个国家和地区的平均出口单价来代替。作为水泥行业的贸易统计代码，利用 SITC Rev.3 的 661。在此基础上，计算非金属矿物生产额中水泥生产额所占的比例，作为成本份额和用途份额的比例数据。

对于无法利用其投入产出表的国家的铝行业分割问题，处理如下：首先，从美国地质勘探局（2004b）及世界金属统计局（2007）取得铝土矿的生产量（新矿及回收矿的合计），再乘以铝土矿单价，求得生产额。铝土矿单价采用世界金属统计局（2007）公布的 2004 年平均价格的数值。其次，算出有色金属行业的生产额中铝所占的比例，作为成本份额和用途份额的数据。

对于无法利用其投入产出表的国家的化学行业分割问题，用投入产出表可资利用的国家的成本份额及用途份额的平均值来代替。表 4-2 总结了创建贸易份额数据时使用的贸易统计中新行业的商品分类和编号。

表4-2 贸易统计中新行业的分类

新行业	编号及内容
铝	684 ALUMINIUM
水泥	661 LIME, CEMENT, CONSTR.MATRL
基础化学制品	51 ORGANIC CHEMICALS
	52 INORGANIC CHEMICALS
塑料和橡胶制品	57 PLASTICS IN PRIMARY FORM
	58 PLASTIC, NON-PRIMARY FORM
化学最终制品	53 DYES, COLOURING MATERIALS
	54 MEDICINAL, PHARM.PROOUCTS
	55 ESSENTL.OILS, PERFUME, ETC
	56 FERTILIZER, EXCEPT GRP272
	59 CHEMICAL MATERIALS NES

注：商品编号都是 SITC Rev.3。

资料来源：根据 UN Comtrade 分类，作者制表。

4.2.4 GTAP数据中新行业的再现性

本部分确认，基于上述步骤和数据，在细分化的 GTAP 数据中，新行业能否恰当地反映该行业的特征。确认的方法是，把投入产出表中的成本构成（各行项目的份额）和用途构成（各列项目的份额）与细分化的 GTAP 数据中的新行业进行比较。

下面对日本的投入产出表和细分化的 GTAP 数据在成本构成和用途构成方面进行比较。图 4-3 左边的饼状图表示的是投入产出表中水泥行业的成本构成，右边表示的是细分化的 GTAP 数据中日本水泥行业的成本构成。两个图中都仅标注出占比在 2% 以上的项目。比较左右两边的图，在 GTAP 数据中，投入产出表中水泥行业的成本构成大致可以再现出来。图 4-4 左边的饼状图表示的是投入产出表中水泥行业的用途构成，右边表示的是细分化的 GTAP 数据中日本水泥行业的用途构成。投入产出表中水泥的绝大部分被投入建筑行业的状况，在 GTAP 数据中可以再现出来。

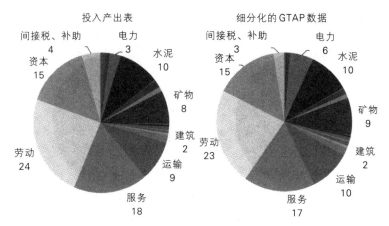

图 4-3　日本水泥行业成本构成的比较（%，仅标出占比在 2% 以上的项目）

资料来源：作者制图。

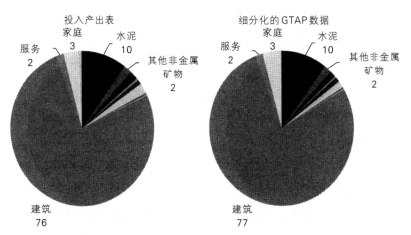

图 4-4　日本水泥产品用途构成的比较（%，仅标出占比在 2% 以上的项目）

资料来源：作者制图。

对于铝行业的成本构成和用途构成，在细分化的 GTAP 数据中，可以大致再现投入产出表的特征[①]。但是，与水泥行业相比，铝行业偏离投入

---

① 为了节约篇幅，省略了关于结果的详细图表。详细结果可以联系作者获取。

产出表的幅度更大。产生偏差的理由主要有两点：第一点是，从GTAP数据中分割出新行业时，为了保持国际投入产出表数据的完整性，对数值进行了调整；第二点是，各国的投入产出表的数据和现有的GTAP数据有差异，从而带来偏差。

另外，铝行业的成本构成和用途构成中铝的比率都比其他的高[1]。这是因为，铝行业包括从冶炼到冷压产品的生产等。也就是说，为了生产铝的冷压产品，需要投入铝土矿。

虽然在基础化学制品行业、塑料和橡胶制品行业、最终化学制品行业的成本构成和用途构成方面部分存在偏差，但各行业的特点大致可以在GTAP数据中得到反映[2]。

4.2.5　替代弹性和二氧化碳排放基本单位

下面说明关于新行业的替代弹性。GTAP数据中收录有国产产品和进口产品之间的弹性值、进口产品之间的弹性值和原始生产要素间的弹性值。在构建模型时，可以利用这些数值。但是，对于新行业，上述弹性值在现有的GTAP数据中不存在。本章中，假设新行业的弹性值等于现有行业的弹性值来构建模型。例如，假设水泥及其他非金属矿物的国产产品和进口产品之间的弹性值与现有的GTAP数据中的非金属矿物的弹性值相等。

图4-5表示的是被细分化的GTAP数据中日本各生产行业的二氧化碳排放基本单位（tCO_2/美元）。但是，在这里，只考虑各行业的生产过程中使用的化石燃料的燃烧和水泥行业的生产流程中产生的二氧化碳排放，不考虑来自各行业利用电力而间接产生的二氧化碳排放量。这是因为，伴随着发电产生的二氧化碳排放量已经被作为电力行业的排放量计算过了。

---

①　比较投入产出表和细分化的GTAP数据，成本构成分别为38.5%和29.5%，用途构成分别为29.5%和27.4%。

②　为了节约篇幅，省略了关于结果的详细图表。详细结果可以联系作者获取。

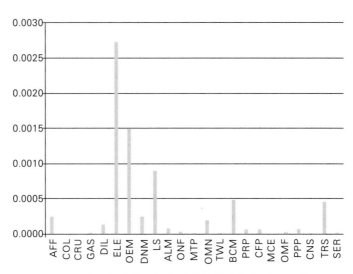

图4-5　日本各行业的二氧化碳排放基本单位（tCO₂/美元）

注：英文缩写参见表4-1。

资料来源：作者制图。

在各行业的生产过程中都使用很多的化石燃料，化石燃料燃烧时排放大量的二氧化碳。这里提及的由化石燃料的燃烧带来的二氧化碳排放量以Lee（2008）的数据为基础。新行业的二氧化碳排放量按照化石燃料投入的成本份额分摊，但是投入基础化学制品行业的石油、煤炭制品及天然气的一部分是被作为原料使用的，在投入过程中没有产生二氧化碳的排放。作为原料使用的比例也参考Lee（2008）的数据来设定。另外，如第2章所指出的，在Lee（2008）的数据中，因为日本钢铁行业的二氧化碳排放量过低，所以对日本钢铁行业的二氧化碳排放量进行了修正。

在水泥行业的生产过程中会排放大量的二氧化碳。从两个数据源可以获得来自生产过程中二氧化碳的排放量。附件一国家的数据从UNFCCC运营的Flexible GHG Data Queries①获得，非附件一国家的数据从UNEP运营

　　①　UNFCCC Flexible GHG Data Queries：http://unfccc.int/di/FlexibleQueries.do（最终浏览日：2011年10月24日）。

的 GEO Data Portal[①]获得。

如图4-5所示，考虑了生产流程中产生的二氧化碳排放的水泥行业，仅次于电力行业，是碳密集型行业。紧接着，钢铁、基础化学制品和运输行业的排放基本单位较高。也就是说，由图可知，这些碳密集型行业受到排放规制的影响较强。仅从化石燃料的燃烧所产生的排放来看，铝行业的排放基本单位较低。就铝行业而言，与其说会直接受到排放规制的影响，不如说会受到电力行业的间接影响。从化学产业来看，塑料和橡胶制品行业及化学最终制品行业的排放基本单位比同属于化学产业的基础化学制品行业要低。

4.3　模拟分析

4.3.1　CGE 模型的概要

本部分以细分化的 GTAP 数据为基础，构筑多区域和多行业的静态 CGE 模型，对二氧化碳排放规制进行模拟分析。本章的模拟分析所用的 CGE 模型与第 2 章的递归动态模型的"某时点内的模型的结构"基本相同[②]。

以下简单说明模型的概要。模型中各个国家和地区的各生产行业的生产结构，由嵌套 CES（constant elasticity of substitution，常数替代弹性）函数来表现，生产结构分为化石燃料行业和非化石燃料行业两类。化石燃料行业由煤炭行业、原油行业和天然气行业三个生产行业组成。

化石燃料行业的特征是，在生产中要投入各个国家和地区储存的天然资源。相应地，非化石燃料行业的特征是，承认能源产品（石油、煤炭制品、煤炭、天然气、电力）之间的相互替代、能源产品与资本和劳动之间的相互替代。但是，在石油和煤炭制品行业，由于石油、煤炭是被作为原

---

① UNEP GEO Data Portal：http://geodata.grid.unep.ch/（最终浏览日：2011 年 10 月 24 日）。

② 详细的模型结构参见第 2 章的说明。

料投入的，因此假设其他的中间投入品、能源产品、劳动、资本之间不能相互替代。假设作为原料投入基础化学制品行业的石油和煤炭制品、天然气也不能与其他产品和生产要素相互替代。

各个国家和地区存在一个代表性家庭，代表性家庭的效用水平取决于消费、闲暇的水平。假设本章静态模型中的储蓄额，即使在实施排放规制后也保持BAU的水平不变①。为了使储蓄额与投资额相等，总投资额水平也保持BAU的水平不变。另外，各个国家和地区存在一个政府。政府从生产行业和家庭征税作为政府支出的基础。政府支出的总额与排放规制无关，假设保持在BAU的水平不变。

4.3.2　模拟情形

利用前面所说明的模型，模拟分析各个国家和地区的二氧化碳排放规制对各生产行业产生的影响。模型中，随着生产行业投入包括石油、煤炭产品在内的化石燃料以及家庭消费同样的产品，会排放出二氧化碳。模拟中，假设各个国家和地区分别引进排放量交易，达成各个国家和地区的二氧化碳排放削减目标，即第3章中阐述的国际接轨不存在。二氧化碳排放削减国家和地区及其削减目标如下：日本（比1990年减少25%），欧盟27国（比1990年减少30%），美国（比2005年减少17%），加拿大（比2005年减少17%）、澳大利亚（比1990年减少25%）。这些减排率是参考2010年1月各个国家和地区向UNFCCC提交的削减目标来设定的。另外，在实际的模拟中，为了变成与2004年相比的削减目标，调整各个国家和地区的减排率。

4.3.3　模拟结果

关于前面所设定模拟情形的结果，仅详细观察日本所受到的影响。包括日本在内的各国的二氧化碳排放规制对日本经济产生了影响。日本各宏观经济指标的变化率表示所受到影响程度的大小（见表4-3）。在日本，随着与1990年相比减少25%的减排目标的实现，相

---

①　第2章和第3章利用了动态模型，将储蓄引入效用函数,储蓄内生化,本章因为利用的是静态模型,从效用函数中除去储蓄,储蓄被假设为外生的,保持一定。

对于 BAU，福利减少 0.74%，GDP 减少 1.12%。另外，整个日本的出口减少 4.63%，进口减少 4.41%。达成目标时的排放权价格是 122 美元/tCO_2。另外，模拟中排放权的价格和排放税率是等价的，都等于边际排放削减成本。

表4-3　　　　　　　　　　　对日本宏观经济指标的影响

	与 BAU 相比
福利	−0.74
GDP	−1.12
消费	−1.77
出口	−4.63
进口	−4.41
排放权价格（美元/tCO_2）	122

注：未特别注明单位的数值是根据 BAU 得到的变化率（%）。

资料来源：根据模拟结果，作者制表。

二氧化碳排放规制给日本各行业带来的影响如图4-6所示。对于生产汽油、柴油和焦炭等的石油和煤炭制品行业以及排放大量二氧化碳的电力行业、钢铁行业和基础化学制品行业，二氧化碳排放规制使其生产水平大大降低。但是，碳密集型行业如水泥行业的生产水平下降幅度则相对小些。考虑其原因，主要有以下两点：

第一个原因是，水泥产品在日本进口比例很小。在细分化的 GTAP 数据中，日本水泥产品的进口比例和出口比例分别为 2.62% 和 3.78%，比例很小，二氧化碳排放规制对国内生产的影响也很小。与之形成鲜明对比的是日本钢铁行业。日本钢铁制品的出口比例为 11.64%，相对较大，受到排放规制的影响也更大。日本的水泥行业与钢铁行业相比，受到国际竞争的影响小，因此可以认为二氧化碳排放规制的影响被控制在很小范围内。

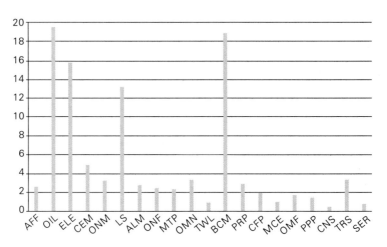

图4-6　日本各生产行业的生产水平减少率（%，与BAU相比）

注：英文缩写参见表4-1。

资料来源：根据模拟结果，作者制图。

　　第二个原因是，投入大量水泥的建筑行业的生产可能下降幅度很小。然而，值得注意的是，建筑行业的生产水平依赖于模型中对投资活动的假设。本章的模型假设总投资额不随排放规制发生变化。原本家庭和企业的投资活动依据未来的情况来安排，随着对投资活动的假设不同，建筑行业的生产水平会发生很大变化。因此，如果建筑行业的生产水平发生变化，这可能会间接对水泥行业的生产水平产生较大的影响。

　　接着来看日本铝行业的生产水平。一般情况下，在铝行业中，铝土矿的冶炼要消耗大量的电力，因此容易受到二氧化碳排放规制的影响。但是，规制所造成的生产水平的下降幅度相对较小。其主要原因在于，日本铝土矿的供给几乎全部依赖于进口，在日本国内几乎没有铝土矿的冶炼。也就是说，日本的铝行业中用电较少，可以认为二氧化碳排放规制没有导致生产成本的大幅提升。

　　最后，考察日本各化学行业的生产水平。日本市场中，基础化学制品的进口比例和出口比例较大，分别是18.44%和31.97%。这意味着，一方面，基础化学制品行业是碳密集型行业，同时国际竞争激烈。这是使生产水平大幅下降的主要原因。另一方面，塑料和橡胶制品行业、化学最终制品行业的生产下跌被控制在较低的水平上。这是因为，塑料和橡胶制品行业从基础化学制品行业接受原料供给，而化学最终制品行业的附加价值比率较高。这样，从原料到最终产品，现实中化学行业生产各种各样，并且碳密集程度和附加价值比率等特征存在很大的差异。如果像现有的 GTAP 数据这样把各大化学行业归于一个行业的话，则不能利用这样的信息，所以恰当地评价产业影响存在困难。

4.4　结语

由于现有的国际投入产出表（主要是 GTAP 数据）中含有的国家、地区和产业分类问题，多区域和多行业的 CGE 模型分析的范围和对象受到很大限制。以水泥行业的例子来说，为了考察二氧化碳规制对水泥行业的影响，只能由非金属矿物行业这种一般性的分类所受到的影响来类推。也有用各个国家和地区的投入产出表构建详细的某个国家或地区模型的方法，但是也存在一些问题，如一个国家或地区的模型自然无视其他国家或地区的产业结构，在与外国的贸易方面不得不设定强假设。也就是说，要进行更详细的分析，需要利用有更详细的行业分类的国际投入产出表来构建 CGE 模型。

本章利用各个国家和地区的投入产出表及贸易统计等统计数据，对 GTAP 数据进行了细分化，试图扩大 CGE 模型的分析对象。由此，就可以以水泥行业、铝行业、基础化学制品行业、塑料和橡胶制品行业、化学最终制品行业为对象，考虑各个国家和地区的各行业的特征，进行二氧化碳排放规制的 CGE 模型分析。

对于细分化的 GTAP 数据新追加的碳密集型行业，仅从关于日本的分析结果来看，可以更好地反映出现实的状况。但是，细分化的 GTAP 数据需要许多统计数据，分析精度依赖于这些统计数据的数量和质量。要提高分析精度，利用更多可以信赖的统计数据是今后的课题之一。另外，像第

3章阐述的排放量交易的国际接轨一样，关于全球气候变暖对策，存在多
种政策选择建议，需要进行定量分析。利用本章创建的细分化的数据进行
定量分析也是今后的课题之一。

第 II 部分

日本企业气候变暖对策的实施现状

[第5章]
日本企业气候变暖对策的现状

有村俊秀、片山东、山本芳华、井口衡

5.1　引言

　　2010 年 12 月,《联合国气候变化框架公约》第 16 次缔约方会议（COP 16）上,签署了《坎昆协议》。协议规定并强化了温室气体（GHG）减排量的测量、报告和检测方法等,并对其做出一定的评价。但是,2013 年以来,后京都问题[①]迟迟没有进展,COP17 又被延期,解决全球气候变暖的国际课题仍然存在。再看日本国内的情况,第一次把针对日本国内现状的对策收罗进来的《全球气候变暖对策基本法》,在第 176 次临时国会上得到继续审议。因此,2011 年年末,已被纳入同一个法案、旨在实现碳价格政策目标的两项制度也都没有得到实施:一个是国内减排的枢轴——国内排放量交易制度;另一个是气候变暖对策税[②]。在国内外制度如此不透明的状况下,为了推动气候变暖问题的解决,企业积极采取环境对策就更为重要了。

[①]　后京都问题是指《京都议定书》生效即 2012 年以后如何进一步降低温室气体的排放的问题。

[②]　可再生能源固定价格收购制度是在 2011 年 8 月《可再生能源特别措施法》和《可再生能源收购法》通过后,自 2012 年 7 月起实施的。

2010 年，上智大学环境和贸易研究中心基于对环境问题的认识，以上市企业为对象，开展了"以气候变暖对策为中心的企业环保措施的调查"。该调查的目的是阐明以下问题：为了应对气候变暖问题，日本国内上市企业采取了怎样的措施？采取这些措施是出于怎样的动机？此外，详细调查了其与环境相关的各项制度（以全球气候变暖问题为中心）之间的关系，旨在阐明各项制度的普及状况以及今后需要怎样的制度框架等问题。

本章在讲解与日本国内上市企业采取的气候变暖对策有关的法律制度后，以调查取得的数据为基础，分析企业的 GHG 减排措施及其动机和背景。此外，分析近几年受到高度关注的环境相关国际标准的发展和日本企业对此的反应。

5.2　调查概要

5.2.1　调查方法

本章所使用的数据是通过调查得到的，调查对象是 2010 年 8 月在东证一部和二部、东证玛札兹市场、大证一部和二部、名证一部和二部、札证和福证上市的 2 676 家国内企业。在设计调查表时，对 6 家上市企业进行了访谈，并进行了调查的预测试。

调查表主要由以下四个部分构成：第一部分，针对与 CO_2 等 GHG 减排有关的各种制度的关系以及对排放量的掌握状况进行调查；第二部分，调查企业在进行减排的时候，是如何利用清洁发展机制（clean development mechanism，CDM）等信用制度的；第三部分，主要调查日本企业自愿采取的环保措施的现状以及认识到环境负担的交易现状；第四部分，调查受访企业的一般情况，比如其主要的产品和服务的种类、有无环境关联的研究开发预算及其所处的相关行业等。本章主要以第一部分的回答结果为中心展开。

调查表于 2010 年 11 月 8 日送出，回答期限设置在两个星期后，即 11 月 24 日。对于没有在截止日期前回复的企业，会发送一张明信片催促，并将回答期限再延长两个星期。在 2 676 家作为调查对象的企业中，共收到了 579 家企业的回复（回收率为 21.6%）。鉴于需要回答的项目较多，而且近几年与环境有关的调查很多，该回收率相比而言较高。表 5-1 显示了按行业、员工规模分类的调查表的回收率。分行业来看，电力和天然气行业（56.0%）最高，然后是建筑业（32.9%）、制造业（25.9%）和采矿业（25.0%）。此外，以每家企业的季度报告中列出的企业期末员工数为依据确定规模大小，分析问卷的回收率时发现，回收率有随着规模变大而增加的趋势。具体而言，员工人数不到 50 人的企业回收率为 11.4%（24 家企业），50~299 人的企业回收率为 11.6%（78 家企业），300~999 人的企业的回收率为 21.7%（198 家企业），1 000~4 999 人的企业的回收率为 30.0%（214 家企业），5 000 人以上的企业的回收率为 45.5%（65 家企业）。产生这种结果的原因可能是企业规模越大，企业越容易做出回答。

表 5-1　　　　　　　　　　按行业和规模分类的回收率

	按行业分类				按员工规模分类		
	调查的企业数	回答企业数	回收率（%）		调查的企业数	回答企业数	回收率（%）
电力和天然气行业	25	14	56.0	49 人以下	210	24	11.4
建筑业	143	47	32.9	50~299 人	674	78	11.6
制造业	1 257	325	25.9	300~999 人	911	198	21.7
采矿业	8	2	25.0	1 000~4 999 人	714	214	30.0
商业	473	90	19.0	5 000 人以上	143	65	45.5
金融保险业	158	30	19.0				
运输信息通信业	312	45	14.4				
服务业	205	19	9.3				
不动产业	89	7	7.9				
水产农林业	6	0	0.0				

资料来源：根据企业季报数据和调查数据，作者制表。

5.2.2 回答企业

对调查做出回答的企业统计信息如下：企业的平均员工人数是 2 556 人，1 000～4 999 人的企业占回答企业总数的 37.0%。规模最小的企业有员工 5 人，规模最大的企业有员工 70 355 人，统计的标准差为 5 606 人，可以说在回答企业中员工人数的分布是广泛的。

再看一下回答企业中各个行业的分布情况。图 5-1 比较了在企业季报中登记的上市企业的行业占比和对调查做出回答的企业的行业占比。回答企业中各个行业所占的比例如下：制造业为 56.1%（325 家）、商业为 15.5%（90 家）、建筑业为 8.1%（47 家）。与上市企业的行业占比相比较，回答企业中制造业、建筑业、电力和天然气行业的所占比例偏高，但整体来看大体一致。再进一步对制造业进行细分，回答企业中电气设备、食品行业的所占比例偏高，其他行业占比大致相似（如图 5-2 所示）。调查结果表明，从行业分布的大体情况来看，选择的样本是具有代表性的。

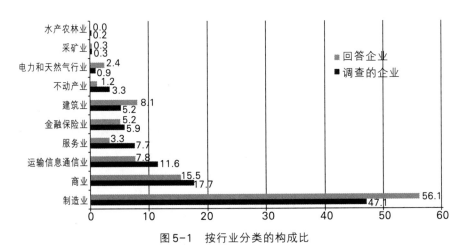

图 5-1　按行业分类的构成比

注：调查的企业：2 654 家；回答企业：579 家。

资料来源：根据企业季报数据和调查数据，作者制图。

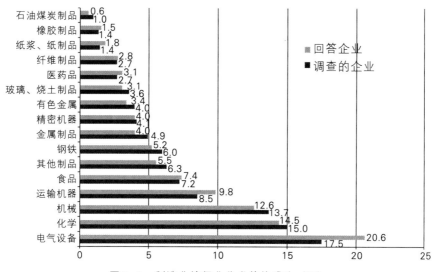

图 5-2　制造业按行业分类的构成比（%）

注：调查的企业：1 257 家；回答企业：325 家。

资料来源：根据企业季报数据和调查数据，作者制图。

5.3　企业气候变暖对策的现状

5.3.1　与围绕企业相关法律制度的关系

涉及日本国内企业的气候变暖对策的法律制度主要有《合理利用能源相关法》（以下简称《节能法》）和《全球气候变暖对策推进法》（以下简称《温对法》）。

《节能法》是在受到 1978 年第二次石油危机的冲击后于 1979 年颁布的。《节能法》的主要目标对象是能源（热能、电能）。严格来说，这并不是一个以直接减少 GHG 排放为目的的政策。但是，热能和电能的使用减少与化石燃料的消耗减少相关联，根据该法出台的规定将对减少 GHG 的排放有所贡献。

《节能法》自 1979 年颁布以来，分别在 1998 年、2002 年、2005 年、2008 年进行了修订。在 2008 年进行的修订中，为了实现在业务部门中能源消耗量的合理化，将负有法律义务的主体由原来的工厂和事业单位改为企业单位。包括总部、工厂、办公室和商店等在内，当最近一年的能源消耗总量超过 150 万升原油时，就会被指定为特定运营商（特定连锁化运营商），并被要求出具能源使用情况申报表，同时要求其承担每年平均 1% 的能源基本单位改善的义务。此外，企业还需要提交定期报告、中长期计划，任命并上报能源管理负责人和能源管理规划推进者。

在调查中，询问了企业对其特定运营商或者特定连锁化运营商的判断是否适当的问题，577 家企业表示肯定。其中，72.3% 的企业回答特定运营商或者特定连锁化运营商的判断是适当的，从中可以看出，许多上市企业掌握自己企业的能源使用状况。

《温对法》是在采纳了于 1997 年召开的 COP3（1997 年《联合国气候变化框架公约》第 3 次缔约方会议）上签署的《京都议定书》的基础上，于 1998 年 12 月制定的。制定以来，经过了 4 次修订，已经加入了许多能够影响企业行为的规定。其中，2006 年 4 月推出的"温室气体排放量计算、报告和公布制度"对日本国内企业产生了直接影响。这项制度将 GHG 换算成二氧化碳，确定以年排放量在 3 000 吨以上的企业为对象，要求这些企业计算报告其前一个年度的排放量。如果某个企业没有提交报告或者提交了虚假报告，则对其处以 20 万日元以下的罚款。在 2008 年 6 月对该法律的修订中，《温对法》就与《节能法》一样，将计算报告的主体从事业单位变成计算合计排放量的企业单位或者特许连锁经营单位。

在调查中主要提问了如下三个与"温室气体排放量计算、报告和公布制度"相关的问题：①是否设定了 GHG 排放量的目标？②如果设定了目标，那么是从什么时候开始设定的？③设定的这些目标和日本经济团体联合会的环境自愿行动计划（以下简称自愿行动计划）相比是否更严格？首先，对是否设定了 GHG 排放量目标的问题，在得到回答的 568 家企业中，有 72.7% 的企业回答设定了目标。综观设定目标的年份，在《京都议定书》发布的 2005 年和《京都议定书》第一约束期开始的 2008 年，开始设定目标的企业较多。此外，在回答设定了 GHG 排放量目标的 404 家企业中，大约有两成左右企业的目标已经得到第三方认证。

然后，对回答已经设定了目标的企业继续提问，是否认为自己企业的目标比行业协会的目标更严格。共有 391 家企业给出了回答，其中认为比行业协会的目标更严格的占 37.1%，没有行业协会的目标严格的占 35.8%，剩下的 27.1% 表示无法回答该问题。对无法回答该问题的企业要求叙述一下原因，得到了 105 家企业的回答。其中，约 30 家企业回答"没有行业的目标"，有 15 家企业回答"因为目标的期间、范围、标准和单位等都不同，所以难以进行比较"。

此外，对企业是否对 GHG 排放量在 CSR 报告书（企业社会责任报告）或者环境报告书中进行了报告和公布进行了提问，564 家企业给出了回答。56.4% 的企业回答进行了报告和公布，29.1% 的企业回答没有报告和公布，还有 14.5% 的企业回答没有公布报告书。针对回答说已经公布和报告的企业，又询问了其开始报告的年份，答案如图 5-3 所示。从这个图中可以看出，已经报告和公布的企业，在 2006 年"温室气体排放量计算、报告和公布制度"实施以前就已经采取了积极的措施。而且，在这些报告和公布的企业中有两成左右的企业的 GHG 排放量报告得到了第三方认证。

5.3.2　日本企业气候变暖对策的现状

现在来看看日本企业气候变暖对策的现状。在调查中，采用了 13 项指标，作为具体的温室气体减排的措施并探寻每个企业减排对策里是否包含这些项目。这 13 项指标包括：节能和能量效率改善；投资新的办事处；投资现有的办事处；新产品开发；环境相关产品的设计；清洁技术、生产方法和工艺的引进；燃料转换；可再生能源的供给和利用等。从回答的结果来看，在接受调查的 579 家企业中有 304 家企业（52.5%）的对策中包含至少 7 项指标。由此可以看出，日本的上市企业正在努力采取对策减少 GHG 的排放。

根据表 5-2 给出的调查结果，观察各项指标，近九成企业采取了"节能和能量效率改善"这一措施。此外，一半左右的企业采取了"设置气候变暖对策部门、岗位和小组等"（55.2%）、"新产品开发"（53.3%）、"环境相关产品的设计"（48.8%）、"清洁技术、生产方法和工艺的引进"（47.2%）等措施。回答采取"取消碳排放多的现有业务"（7.0%）和"中

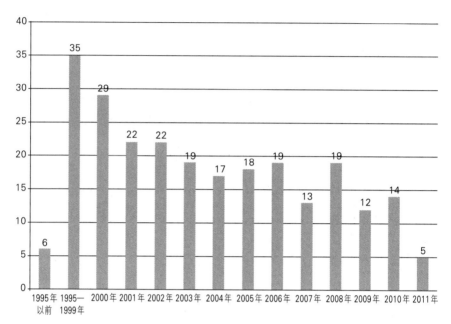

图 5-3   开始报告 GHG 排放量的年份（企业数）

资料来源：根据调查数据，作者制图。

表 5-2   GHG 减排的对策（%）

	是	否	有效回答数
节能和能量效率改善（空调管理等）	90	10	564
投资现有的办事处	63	37	536
设置气候变暖对策部门、岗位和小组等	55	45	542
新产品开发	53	47	538
环境相关产品的设计	49	51	529
燃料转换	48	52	545
清洁技术、生产方法和工艺的引进	47	53	530
可再生能源的供给和利用	39	62	538
投资新的办事处	38	62	526
HFC、PFC、SF6 的替代、回收、破坏	34	66	522
森林碳的固定（对森林再生的投资）	23	77	535
取消碳排放多的现有业务	7	93	516
中止碳排放多的新业务	6	95	510

资料来源：根据调查数据，作者制表。

止碳排放多的新业务"（5.5%）这两项措施的企业较少。由此可见，日本企业减少 GHG 排放量的重点在于改善制造过程及办公部门。

　　对于这个问题的回答进一步分为制造业和非制造业进行分析，结果如图 5-4 所示。不出所料，制造业比非制造业更加积极地采取新产品开发、投资现有的办事处、燃料转换、环境相关产品的设计这些与制造过程紧密相关的对策。但是，非制造业和制造业同等程度地采取了以下措施：节能和能量效率改善；设置气候变暖对策部门、岗位和小组、可再生能源的供给和利用等。

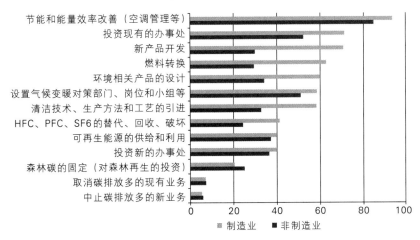

图 5-4　具体的 GHG 减排行为：按制造业和非制造业分类

资料来源：根据调查数据，作者制图。

　　对于 GHG 减排动机，制度的框架在多大程度上对其产生影响，图 5-5 显示了所做调查的结果。从图中可以看出，近九成企业认为前面介绍的《节能法》和《温对法》对其影响较大或者有影响。关于自愿行动计划等行业协会的举措，也有近八成企业回答有影响。有 37.9% 的企业认为东京都排放量交易制度等地方举措没有影响。对于拥有东京都排放量交易制度目标设施的企业来说，认为没有影响的企业仅占企业总数的 3.2%，几乎所有的企业都认为有影响。

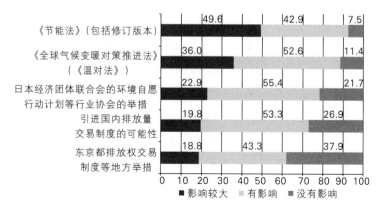

图 5-5　GHG 减排措施的动机、背景（%）

资料来源：根据调查数据，作者制图。

5.3.3　利益相关者的影响

　　企业的利益相关者会对日本企业在 GHG 减排方面采取的对策产生怎么样的影响，下面来看看。

　　在调查中，针对 GHG 减排的对策，询问企业是否收到过来自利益相关者的要求。图 5-6 总结了对该问题的回答。从图中可以看出，政府部门、行业协会和经营者这三方提出的要求较多。60% 以上的企业认为经营者经常要求或有时要求降低排放量，大多数企业采取经营者主导的环境对策。对于政府部门和行业协会，也分别有 20% 以上的企业回答"经常被要求"。可以看出，政府部门、行业协会和经营者共同影响企业的 GHG 减排对策。对于除了政府部门、行业协会和经营者这三方的其他团体、机构，70% 以上的企业表示几乎没有收到过其要求。26.0% 的企业有时会被一般员工要求采取降低排放量的措施，企业内部利益相关者的影响极大地促进了企业 GHG 排放量的降低。此外，到目前为止，在以与环境问题相关的事务所为对象的调查中，发现了附近居民作为利益相关者的作用。但是在本次调查中，收到附近居民要求减少温室气体排放的比例却非常低。这或许是因为环境保护的内容仅限于温室气体减排，也可能是因为这次调查的主体主要为环境相关部门的负责人。

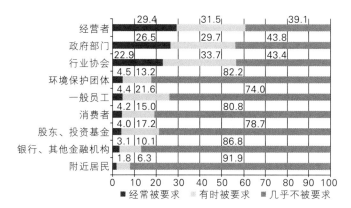

图 5-6　关于利益相关者 GHG 排放量对策的要求（%）

资料来源：根据调查数据，作者制图。

对于这个问题的回答进一步分成制造业和非制造业进行分析，关于"经常被要求"的回答结果如图 5-7 所示。制造业和非制造业表现出显著不同的是经营者和行业协会。回答经营者经常要求其采取气候变暖对策的企业中，制造业占 36.0%，非制造业占 21.4%。回答行业协会经常要求其采取气候变暖对策的企业中，制造业占 27.0%，非制造业占 18.3%。

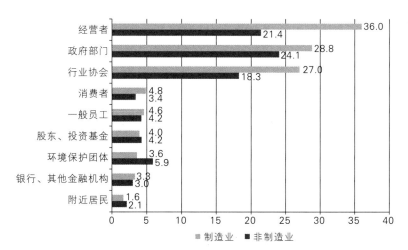

图 5-7　利益相关者对 GHG 减排对策的要求：按制造业和非制造业分类（%）

资料来源：根据调查数据，作者制图。

5.4　与环境相关的ISO标准的应对状况

5.4.1　ISO 14001

由于企业是自愿进行环境保护的主体，因此有必要引入环境管理系统（Environmental Management System，EMS）。ISO 14001是由国际标准化组织制定的EMS相关的国际标准，自1996年实行以来，迅速在日本得到普及（岩田等，2010）。

为了获得ISO 14001认证，企业必须建立起一个PDCA的管理周期：首先制定与环境绩效的改善（减少污染物排放）相关联的规划（plan），然后实施（do），再检查环境绩效是否得到改善（check），最后修改计划（action）。企业一旦获得了认证，在3年内登记有效，并且需要定期（每年或每6个月）接受第三方的审查。此外，3年后如果要更新证书，需要接受更新审查。第三方审查或者更新审查时，如果被认定在PDCA的执行中存在问题，ISO的登记就会无效，并且可能不会取得更新。

本次调查提问了两个关于EMS的问题：首先，调查企业是否进行ISO 14001认证；其次，询问企业是否引入了其他的EMS。关于ISO 14001认证，568家企业给出了回答，78.9%的企业回答表示获得了认证。图5-8显示了取得认证的年份。很多企业是在2000年左右开始进行ISO 14001认证时获得了认证。关于是否引入了其他的EMS认证，194家企业给出了回答，15.5%的企业（30家企业）给出了肯定的回答。具体来说，6家企业获得环保行动21认证，然后各有2家企业获得了KES认证、绿色经营认证和生态阶段认证。此外，在引入了其他的EMS认证的30家企业里有25家企业也引入了ISO 14001认证。调查EMS认证是由企业单位还是事业单位来实施的问题时，有458家企业给出了回答，回答企业单位和事业单位的企业差不多各占一半的比例。

5.4.2　与环境相关的新国际标准

近年来，继ISO 14001之后，发布了新的与环境相关的国际标准。首先是在2011年6月发布的能源管理相关的国际标准ISO 50001。虽然与日

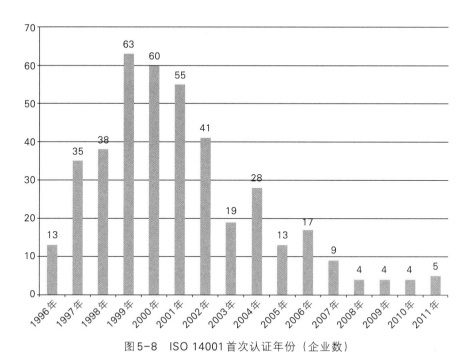

图 5-8　ISO 14001 首次认证年份（企业数）

资料来源：根据调查数据，作者制图。

本国内已有 2 万多件登记的 ISO 14001 有重复部分，但仍可对达到能源管理方面的详细要求抱有期待。

　　另外，还有 2010 年 10 月发布的社会责任国际标准 ISO 26000。该标准不需要进行第三方认证，提出"组织治理""环境"等主题、展示组织为履行社会责任采取的各种措施事例，这是该标准的特征之一。虽然它并不是一个认证标准，但基于这个标准，CSR 报告书（企业社会责任报告）的结构和内容都会相应变更，所以日后可能会被广泛使用。

　　ISO 14064 于 2006 年 3 月发布，是计算、报告和认证温室气体排放量的标准。该标准有可能会成为国际标准。作为与其相关的标准，ISO 14065 总结了对认证机构的要求事项。

　　针对前面所说过的三个新标准，日本国内上市企业都采取了什么样的态度，调查所得结果如图 5-9 所示。

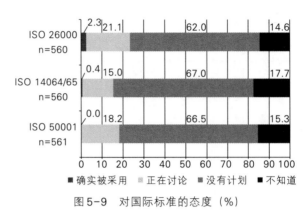

图 5-9　对国际标准的态度（%）

资料来源：根据调查数据，作者制图。

　　首先来看 ISO 26000 标准，有 560 家企业给出了回复，其中 2.3% 的企业（13 家企业）回答说采用了此标准。此外，有 21.1% 的企业（118 家企业）回答说他们正在讨论是否采用。在这三个新标准里，采用 ISO 26000 标准的企业最多。然后，再来看一下 ISO 50001 标准，回复的 561 家企业中，没有任何一家企业采用，正在考虑采用的有 18.2% 的企业（102 家企业）。对于 ISO 14064/65，在 560 家调查的企业中，0.4% 的企业（2 家企业）采用了该标准，15.0% 的企业（84 家企业）正在考虑采用。此外，对于每种标准，大约有 15% 的企业回答"不知道"。因此，目前来说，对于三个新标准，采用的意愿普遍不强。特别是 ISO 14064/65，与其他两个标准不同，尽管自发布以来已经五年多了，但乐于采用的日本企业可以说是很少的。

5.4.3　范围 3

　　在调查中，与对这些新标准的态度一起，也调查了这几年越来越引起关注的有关供应链的温室气体 GHG 排放管理问题。2005 年前后，欧洲施行了产品环保法规，其中的典型是 RoHS 指令和 REACH 规则，对供应链中化学物质的管理是一个重要的问题。像这样掌握和管理供应链中环境影响的想法，在最近几年，延伸到温室气体上（上妻，2011；岩尾，2011）。

　　GHG 核算体系是计算、报告和认证温室气体排放量的国际标准

ISO 14064的基础，在计算与企业运行有关的温室气体排放量的基础上，还规定了排放量的三个范围。范围1是企业内部运行所消耗化石燃料所释放的温室气体；范围2被定义为利用电力间接排放的温室气体；范围3指排除外购电力后那些不能被企业直接控制的温室气体的排放量。

对符合范围3的"原材料采购和运输""流通""处理和循环利用""出差和通勤"中的GHG排放量的掌握情况进行了调查。图5-10显示了回答的结果。从图中可以看出，企业对流通方面的排放量掌握得最好，然后依次是处理和循环利用、原材料采购和运输、出差和通勤。在掌握得最好的流通方面，包含部分掌握的企业，大约有三成企业能够掌握GHG排放量。可以看出，对范围3温室气体排放量，上市企业一般还不掌握。不过，从机构投资者的角度来看，不仅在全球范围内推进评价气候变暖对策的碳信息披露项目（CDP），而且不断展开范围3计算标准的制定，今后掌握供应链上GHG排放量的必要性可能会不断提高。

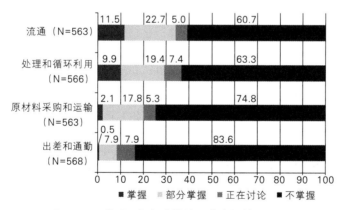

图5-10　范围3各部分排放量的掌握情况（%）

资料来源：根据调查数据，作者制图。

5.5　结语

本章介绍了上智大学环境贸易研究中心以上市企业为对象进行的调查，并利用调查结果，分析了日本企业的气候变暖对策的现状。

目前，与日本企业的气候变暖对策相关的法律制度，有《节能法》和《温对法》两部法律。这两部法律规定了某些温室气体排放企业有进行改进和报告的义务，不履行其义务的企业将会受到处罚。《节能法》是以大多数上市企业为对象，作为采取温室气体减排行动的动机发挥着作用。此外，关于《温对法》，对温室气体排放进行计算和报告的企业，在温室气体排放量计算、报告和公布制度引进之前，就已经积极地采取了措施。在《温对法》修订之后，可以预见国内企业将会进一步推广GHG排放量的目标设定、报告和公布。

除了这些法律制度，在日本国内也有通过排放权交易来减少温室气体排放的尝试，比如东京都排放量交易制度和试行排放量交易制度等。另外，像在《京都议定书》中通过使用清洁发展机制（CDM）的信用实现减排目标已得到认可一样，作为气候变暖对策，也有在国外进行减排的方法。下一章将使用调查第II部分的回答结果，阐述日本企业利用国内外信用制度的状况，并讨论今后为了促进这些制度的使用而需要做的必要事项。

本章还考察了日本企业的气候变暖对策，如企业具体采取了什么措施，是在什么背景下出于什么动机实施的。从考察结果来看，在上市企业之间，GHG减排行动正在不断扩展。然而，对于近年来发布的ISO 50001和ISO 26000等环境相关的国际标准，以及以范围3为代表的供应链整体的GHG排放量掌握行动，日本企业则采取了比较慎重的态度。第7章将会讨论ISO 50001、ISO 14064与信用制度之间的关系。然后，在第8章，针对ISO 14064，将利用在本章介绍的企业调查中所获得的数据，分析哪些因素会对企业采用国际标准的决策产生影响。

[第6章]
日本企业和排放量交易的现状：以清洁发展机制为中心
有村俊秀、森田稔、井口衡、功刀祐之

6.1　引言

本章主要介绍日本企业是如何利用排放量交易制度，以及如何看待排放量交易制度的。日本企业实际开展的排放量交易是以利用清洁发展机制（clean development mechanism，CDM）为中心的[1]。目前虽然已经针对清洁发展机制进行了各种研究，但从企业角度来看对清洁发展机制的实际情况并不了解。此外，对于核查减排制度（Japan verified emission reduction，J-VER）和已在日本引起讨论的国内排放量交易制度，企业的认识也不清楚。

本章将在概述 CDM 的制度和现状的基础上，进一步分析日本企业利用 CDM 的情况。在分析中，会利用前一章中介绍过的"关于以气候变暖对策为中心的企业环保措施的调查"的调查结果[2]。此外，对于国内抵消制度的两个主要制度——国内信用制度和 J-VER 制度，本章也会介绍其概要和从企业角度来看对该制度的认识。最后，对于正在探讨引入的国内排放量交易制度，企业有何种认识，根据调查结果予以明确。

---

① 在进行调查的时候，东京都排放量交易制度刚刚起步，交易本身并未得到执行。
② 调查结果的详细信息参见有村等（2011a）。

6.2　CDM

　　CDM是为了完成已经批准的《京都议定书》里规定的国家温室气体（greenhouse gas，GHG）减排目标而设定的补充制度之一[①]。一般来说，发达国家和发展中国家相比，环保技术和节能技术更为先进。因此，在发达国家进行减排的成本比较高。清洁发展机制是由发达国家（投资国）向没有减排义务的发展中国家（东道国）提供资金援助或技术转移，主要用于支持可持续发展的项目[②]，以实现GHG减排的机制。此外，投资国从该项目中得到的排放许可信用（CER），可以用来作为本国的减排量。因此，像日本这样本身节能标准较高的国家，与在本国进行减排相比，通过使用清洁发展机制所花费的成本可能更低。

　　事实上，发达国家的企业要想从CDM项目中获得CER，需要接受隶属于联合国的CDM理事会或者指定经营实体（Designated Operational Entity，DOE）的审查[③]（如图6-1所示）。特别地，在CDM项目实施中重要的一环是审查排放标准的合理设定和"追加性（additional）"[④]的严格检验方法。CER的发行量是由不实施项目时的排放量（基线）和实施项目后排放量的差值来决定的。因此，企业需要合理、客观地设定不实施项目时的基线。此外，一个企业要想得到CER，必须能够证明与基线相比，GHG的排放量确实减少了（确保追加性）。因此，企业必须明确用以检查

---

　　① 根据《京都议定书》，除了利用市场机制、作为补充制度的清洁发展机制外，联合执行（joint implementation，JI）也是一种制度。这些制度发行的信用，被称为京都信用。这三个制度被称为"京都机制"，在本书的第1章中详细介绍过。

　　② 在IGES（2003）中，CDM项目共分为七个部分，即"最终消费领域的能源效率改善""能源供给领域的能源效率改善""可再生能源""燃料转换""农业（减少甲烷和氧化亚氮排放）""工业流程（水泥制造业产生的碳氧化物、氟利昂替代品）""吸收源项目（仅适用于新造林和再造林）"。

　　③ 有关清洁发展机制办理手续的详细说明，参见IGES（2003）、有村等（2011b）。

　　④ "追加性"在《联合国气候变化框架公约》缔约方会议（COP）中经常被使用，主要是指在CDM项目中认定的温室气体减排量尚未得以实施的情况下不得不另外增加的减排量。——译者注

在何种程度上产生追加的减排量的监测方法。从上面的论述可以看出，要使用CDM的企业，必须首先开发每个项目的方法论即基线设定和监测计划，并需要接受CDM理事会的审查。只有通过审查，才能办理CDM项目登记和CER发行的手续。

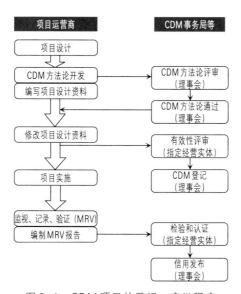

图6-1 CDM项目的登记、审批程序

资料来源：根据"环境·持续社会"研究中心（2009），作者制图。

在世界各地实施的清洁发展机制项目有很多。截至2011年9月，CDM理事会的登记数为3 387件，CER发行总量约为7.08亿吨。如果对登记的项目按类型划分，可以看出可再生能源相关的项目占比很高（如图6-2所示），特别是减排规模较小的风力发电和水力发电占据了大多数。而吸收源项目的新造林和再造林则占比很小。再对登记的项目按国家划分，可以发现CDM项目主要集中在中国、印度、巴西和墨西哥等少数国家（如图6-3所示）。近年来，马来西亚和印度尼西亚等亚洲国家的登记件数也在增加，而非洲国家和最不发达国家的登记件数却极少。关于这个现象，在最近的CDM理事会和国际会议等场合，"区域发展不平衡"问题开始受到重视。

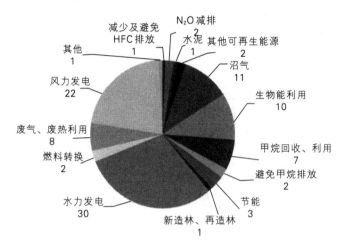

图6-2　CDM项目的各种类型占比（%）

资料来源：根据2011年9月IGES CDM项目数据库（http：//www.iges.or.jp/jp/cdm/report_cdm.html），作者制图。

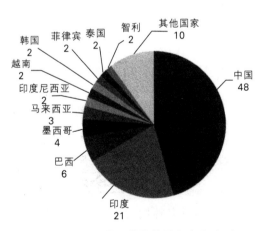

图6-3　CDM项目所属的国家占比（%）

资料来源：根据2011年9月IGES CDM项目数据库（http：//www.iges.or.jp/jp/cdm/report_cdm.html），作者制图。

清洁发展机制为发达国家企业减少额外支出的减排成本提供了机会。

同时，在从方法论通过到CER发行的过程中，也存在一些问题（IGES，2010）。其中之一是，办理项目申请和登记的手续所需的时间过长。办理手续所需的时间过长主要是因为CDM理事会需要再审查的项目在不断增加，因此，审查完成所需的天数增加，导致办理手续所需的时间过长（IGES，2010）。此外，接受再审查并不一定意味着一定能够登记成功。因此，企业必须考虑使用清洁发展机制项目的机会成本，以及被CDM理事会拒绝的风险。由此，许多企业的投资意愿受到了抑制。

6.3　日本企业利用CDM的现状

6.3.1　CDM项目的利用状况

基于上智大学环境和贸易研究中心在2010年对上市企业进行的"以气候变暖对策为中心的企业环保措施的调查"，考察日本企业利用清洁发展机制的现状。该调查针对国内2 676家企业，获得了来自579家企业的回答（回收率为22%）。更详细的介绍和数据请参见第5章。

日本企业实际上在多大程度上参与过CDM项目，在多大程度上取得了CER，弄清楚这些问题对于考虑今后的CDM政策具有重要意义。因此，在调查中，我们询问了企业是否参与过CDM项目。从回答的结果看，只有36家企业（6.2%）参与过CDM项目，剩下的542家企业（93.8%）没有参与过CDM项目。

接下来，对参与过的企业进一步提问"参与项目的数量"和"取得的CER数量"。针对"参与CDM项目的数量"的问题，回答参与过1个项目的企业最多，共有14家，远远超过其他答案。回答参与过10个项目以上的企业有4家，其中参与过15个项目的企业有1家，参与过43个项目的企业有1家，参与过50个项目的企业有1家，参与过64个项目的企业有1家（如图6-4所示）。从中我们可以得出结论，参与CDM项目的数量从1个到64个不等，企业之间存在着巨大差异。

再看CER的取得量，回答取得1 000~1万吨的企业最多，有7家。回答取得1 000万吨以上的企业有3家，其中，取得1 000万吨的企业有1家，

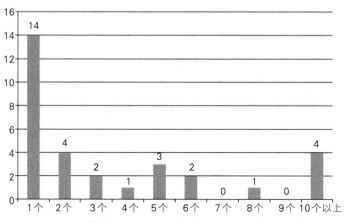

图6-4　按参与CDM项目的数量进行分类的企业数

注：回答企业：31家。

资料来源：根据调查数据，作者制图。

取得1 700万吨的企业有1家，取得2 500万吨的企业有1家（如图6-5所示）。此外，还有2家企业回答为0，这可能是因为它们还没有申请取得CER。从调查结果可以看出，各家企业通过参与CDM项目而取得的CER数量从0到2 500万吨，存在着巨大差距。

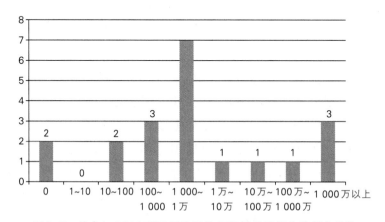

图6-5　按参与CDM项目所购买的CER数量进行分类的企业数

注：回答企业：20家。

资料来源：根据调查数据，作者制图。

接下来，对从来没有参与过 CDM 项目的企业提出以下几个问题。

对回答称没有参与过 CDM 项目的 542 家企业（其中有 29 家企业没有回答），又提问了其是否讨论过参与 CDM 项目。有 32 家企业（6.2%）回答有过相关讨论，但大多数企业并没有讨论过参与 CDM 项目。

更进一步地，对讨论过参与 CDM 项目的企业，询问其最后决定不参与的理由，四个选项分别是"营利性差（包括风险较大）""项目没有获批""当前项目正在开发中""其他（自由回答）"。认为营利性差是主要原因的受访企业最多，有 15 家。另有 4 家企业表示项目正在开发中，有 3 家企业表示项目没有获批。此外，回答"其他"的 10 家企业里有 4 家企业表示其自身的减排行动足够了，没有利用 CDM 的必要。

根据上述调查结果得到如下结论：第一，从 CDM 项目的参与情况来看，参与的企业只占全部受访企业的一部分，大多数受访企业未参与。我们还发现，在已经参加的企业中，参与项目的数量和 CER 的取得量都有很大的差异。第二，对未参与项目的企业，又调查了其是否讨论过参与项目，也只有一部分企业讨论过。此外，让曾讨论过参与 CDM 项目的企业列举最终决定不参与的理由，主要原因是考虑投资相关风险后的营利性较差。但是，大部分受访企业并没有讨论过参与 CDM 项目，这点需要引起注意。

6.3.2　CER 的购买状况

现在来看企业购买 CER 的相关情况。在日本，企业想利用 CER 进行减排，即使不参与 CDM 项目，也可以利用被称为二级市场的国际信贷市场来购买。因此，在调查中提问了"除了通过实施 CDM 项目取得 CER 外，是否有购买 CER 的经验"和"CER 购买量"的相关问题。

在表 6-1 中，把针对是否有通过二级市场购买 CER 的经验这一问题的回答结果按全体受访企业、参与过 CDM 项目的企业、讨论过参与 CDM 项目的企业进行分类。首先，在全体 579 家受访企业中（包括 2 家没有回答的企业），回答没有购买经验的企业占比 93.1%，远远超过回答有购买经验的企业（6.9%）。

表6-1   是否有过购买CER的经验（%）

	是	否
全体	6.9	93.1
	(40)	(537)
参与过CDM项目的企业	34.3	65.7
	(12)	(28)
讨论过参与CDM项目的企业	21.9	78.1
	(7)	(25)

注：括号内的数字是企业数。

资料来源：根据调查数据，作者制表。

此外，通过对比参与过CDM项目的企业和讨论过参与CDM项目的企业可以看出，参与过CDM项目的企业的CER购买比例更高。

对回答有购买CER经验的40家企业（其中14家企业没有回答），按CER购买量来分类，结果如图6-6所示。回答购买量为1 000～1万吨的企业最多，有15家；回答在1万～10万吨的企业只有3家。此外，有1家企业回答说购买量在10万吨以上，具体购买量为20万吨。根据调查结果可以看出，各企业的CER购买量从1吨到20万吨不等，有着巨大的差别。

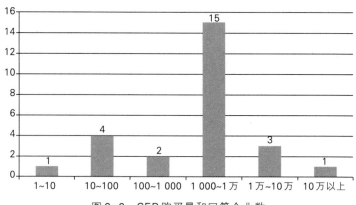

图6-6 CER购买量和回答企业数

资料来源：根据调查数据，作者制图。

根据上述调查结果可以得出如下结论：首先，购买CER的企业只是全体受访企业的一部分，大多数受访企业并没有购买过CER；其次，对比参与过CDM项目的企业和讨论过参与的企业可以发现，参与过CDM项目的企业购买CER的比例更高；最后，在购买CER的企业中，购买数量有较大的差异。

6.3.3　CDM制度的问题和今后的发展

从6.3.1和6.3.2的回答结果来看，大多数受访企业都不愿意使用清洁发展机制。其中的原因，除了政府没有实施排放规制外，还包括在6.3.2中指出的"手续冗繁"等。此外，IGES（2010）还指出，CDM项目只在中国或者印度等有限的几个国家里开展。那么，手续冗繁或者CDM投资的地区分布不均等因素会对企业是否决定参与CDM项目产生怎样的影响呢？因此，在调查中，针对CDM制度上的问题设置"评审、登记、发行需要时间""有必要严格证实追加性""实际的CER比预期数量少""CDM实施的地区分布不均"四个选项，调查企业更为关注哪个问题。

在全体受访企业中（579家），有89.7%的企业认为重要或者非常重要的是"评审、登记、发行需要时间"（非常重要：25.9%，重要：63.8%），是四个选项中比例最高的。另外，有88.4%的企业认为"有必要严格证实追加性"重要或者非常重要（非常重要：26%，重要：62.4%），有85.4%的企业认为"实际的CER比预期数量少"重要或者非常重要（非常重要：18.6%，重要：66.8%），有81.7%的企业认为"CDM实施的地区分布不均"重要或者非常重要（非常重要：21.5%，重要：60.2%）。

从参与CDM项目的企业（36家企业）对这个问题的回答来看，认为"评审、登记、发行需要时间"非常重要的企业最多，然后依次是"有必要严格证实追加性""实际的CER比预期数量少""CDM实施的地区分布不均"（如图6-7所示）。同样的结果也出现在讨论过参与CDM项目的企业（32家）上。因此，可以得出结论，登记等手续冗繁或追加性是日本企业较为关注的CDM制度上的问题。

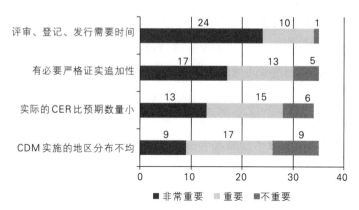

图 6-7　关于 CDM 制度的问题（企业数）

注：参与 CDM 项目的企业。

资料来源：根据调查数据，作者制图。

　　但是，没有讨论过参与 CDM 项目但有购买 CER 经验的企业（20 家）则给出了不同的答案（如图 6-8 所示）。认为"CDM 实施的地区分布不均"非常重要的企业数最多，而认为"评审、登记、发行需要时间"非常重要的企业数却最少。从以上结果可以看出，就只购买 CER 的企业而言，与手续冗繁相比，更为关注 CDM 实施的地区分布不均这一问题。事实上，企业在开展境外投资时，会考虑一个国家的政治风险和社会状况等，从而决定是否投资。从回答结果来看，这种对政治风险和社会状况的警惕态度是每一个要通过二级市场购买 CER 的企业而非 CDM 投资所需考虑的重要因素。

　　《京都议定书》中规定日本在 2008—2012 年的 GHG 排放量要比 1990 年减少 6%。为此，在进行调查的 2011 年之后，企业可能会考虑使用国际信用体系，将其作为减排的手段之一。于是，在调查中询问了企业的 CER 购买计划。特别地，分为议定书第一约束期的"2012 年以前的 CER 购买计划"和随后的"2012 年以后的 CER 购买计划"两部分来调查。

　　关于 2012 年以后的 CER 购买计划，将受访企业分成如表 6-2 所示的四组：全体受访企业、参与过 CDM 项目的企业、讨论过参与 CDM 项目的企业、没有讨论过参与 CDM 项目的受访企业。首先，在全体受访企业中，

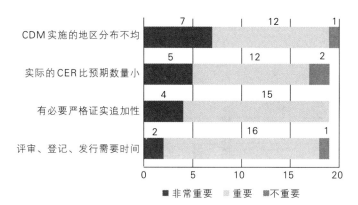

图6-8 关于CDM制度的问题（企业数）

注：没有参与或没有讨论过参与CDM项目、只购买CER的企业。

资料来源：根据调查数据，作者制图。

两个时期（2012年以前、2012年以后）都没有CER购买计划的企业数远远超过有计划的企业数。然后，在参与过CDM项目或者讨论过参与CDM项目的企业中，2012年以后有购买CER计划的比例较高。

表6-2 2012年前后CER购买计划的相关调查结果（%）

	2012年以前		2012年以后	
	是	否	是	否
全体	5.5	94.5	3.99	96.1
	（31）	（534）	（21）	（523）
参与过CDM项目的企业	38.7	61.3	22.2	77.8
	（12）	（19）	（6）	（21）
讨论过参与CDM项目的企业	21.9	78.1	23.3	76.7
	（7）	（25）	（7）	（23）
没有讨论过参与CDM项目的企业	2.3	97.7	1.7	98.3
	（11）	（464）	（8）	（453）

注：括号内的数字是企业数。

资料来源：根据调查数据，作者制图。

　　进一步地，对2012年以前和2012年以后有CER购买计划的企业提问，所得到的在各个期间的CER购买计划如图6-9、图6-10所示。

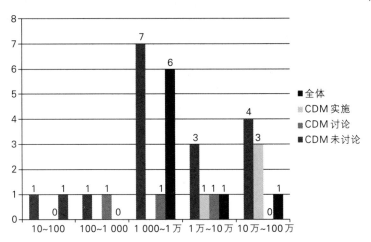

图6-9　CER购买计划量和回答企业（2012年以前）

资料来源：根据调查数据，作者制图。

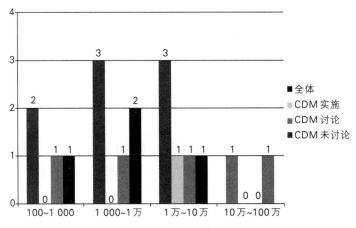

图6-10　CER购买计划量和回答企业（2012年以后）

资料来源：根据调查数据，作者制图。

　　将全体受访企业2012年以前的CER购买计划总量和2012年以后的

CER购买计划总量进行比较，前者约为120万吨，是后者（约22吨）的5倍左右。这是因为，2012年以后国际框架公约（后京都）尚不明确，与《京都议定书》第一约束期相比，企业消极对待CER的购买。但是，这样的结果也表明，即使CDM制度的存续性不确定，也有一些企业计划购买CER。

6.4　企业对国内信用制度的认识

在上一节中，已经讨论了日本企业利用CDM这一国际信用制度的状况。除了国际制度，在日本，也实施了通过减排获取信用的国内信用制度和J-VER制度。在本节中，将具体说明国内信用制度和J-VER制度，并利用从调查中获得的回答结果来分析企业是如何看待国内的信用制度的。

6.4.1　J-VER制度与国内信用制度

J-VER制度是根据日本国内的减排和吸收项目所实现的温室气体减排量，由认证运营委员会认证的信用制度。该制度是在2010年由环境部引入的。在该制度中，针对企业和自治体，已经认可了化石燃料的生物能替代、森林吸收、植树造林、森林管理和可再生能源等项目的实施。另外J-VER具有较强的市场流动性，可以自由交易。但是，该制度发行的信用额度，现在仍无法为排放量交易制度或者《京都议定书》的目标实现所利用，仅仅是企业用来做社会贡献（诸富和山岸，2010）。

国内信用制度是以整个行业的温室气体减排为目的，以日本经济贸易工业部为中心，从2008年开始实施的制度。该制度的主要内容是，由大企业提供资金和技术，支持日本中小企业实施的GHG减排相关项目，并将减少的排放量作为信用发行。从该项目中获得的信用，大企业可以用作完成《京都议定书》减排计划的补充项目——日本经济团体联合会的环境自愿行动计划。在日本国内信用制度中，除了中小企业的温室气体减排项目外，生物燃料或者可再生能源等相关项目也是被认可的。

6.4.2　对日本国内的信用制度的认识

日本企业在实施减排的过程中，对利用日本国内的信用制度（J-VER制度、国内信用制度）持有怎样的观点？如何看待这些制度的吸引力？为此，从以下三个方面对企业进行了调查：

首先来看 J-VER 制度。针对"森林吸收""农业和化肥改进""生物燃料""可再生能源""中小企业减排"五个减排项目，分别从"社会评价""减排效果""成本效果"三个方面，询问企业是否认为具有吸引力。

表 6-3 展示了与 J-VER 制度相关的各企业的回答结果。一方面，在所有项目中，认为 J-VER 制度的吸引力体现在社会评价方面的企业比例最高。特别是，针对森林吸收和可再生能源，持这种观点的企业比例最高。另一方面，在所有项目中，认为吸引力体现在成本效果方面的企业比例最低。

表 6-3　　　　　　　J-VER 制度中各项目的吸引力（%，可多选）

	社会评价	减排效果	成本效果	因为没有讨论过，所以不清楚
森林吸收	33.6	14.0	4.3	60.5
农业和化肥改进	10.5	5.2	3.8	83.6
生物燃料	15.9	13.7	8.7	70.2
可再生能源	23.8	18.1	11.8	59.0
中小企业减排	13.2	11.0	11.0	70.1

注：针对各个减排项目，回答的企业数为：森林吸收 559 家、农业和化肥改进 554 家、生物燃料 553 家、可再生能源 559 家、中小企业减排 555 家。

资料来源：根据调查数据，作者制表。

再来看国内信用制度。针对"生物燃料""可再生能源""中小企业减排"三个减排项目，分别从与 J-VER 制度相同的三个方面，询问企业是否认为具有吸引力。

表 6-4 展示了与国内信用制度相关的各企业的回答结果。同样，一方

面，在所有项目中，认为国内信用制度的吸引力体现在社会评价方面的企业比例最高。尤其是可再生能源项目的倾向很明显。另一方面，在所有项目中，认为吸引力体现在成本效果方面的企业比例最低。因此，J-VER 制度和国内信用制度正如诸富和山岸（2010）所指出的那样被企业用来做社会贡献，但没有被作为一个有效的减排工具来使用。

表6-4　　　　国内信用制度中各项目的吸引力（%，可多选）

	社会评价	减排效果	成本效果	因为没有讨论过，所以不清楚
生物燃料	16.6	13.0	9.5	68.8
可再生能源	25.0	18.1	11.9	60.7
中小企业减排	15.2	11.1	12.9	67.8

注：针对各个减排项目，回答的企业数为：生物燃料555家、可再生能源559家、中小企业减排559家。

资料来源：根据调查数据，作者制表。

但是，有以下几点需要注意。有六成以上的受访企业在对这两个制度进行评价时，回答说"因为没有讨论过，所以不清楚"。这是因为，许多企业对两个制度并没有太多的认识。因此，企业在日本国内实施温室气体减排措施的同时，为了使国内信用制度更加积极地被使用，有必要加大对制度的宣传，并修正现有制度的不足，使其更便于执行。

6.5　企业关于国内排放量交易制度的认识

在日本，除了在上一节中所提到的信用制度，还实施了自主性的"自愿参与型国内排放量交易制度（Japan's Voluntary Emission Trading Scheme, JVETS）"和"试行排放量交易制度"。在本节中，首先介绍这些制度。然后，针对是否要引入进行了探讨的限额交易型排放量交易制度会有哪些问题，利用调查结果加以考察。

6.5.1 自愿参与型排放量交易制度

日本环境部从2005年开始实施的JVETS，目的是为在国内实行限额交易型排放量交易制度而积累知识和经验。其主要内容是，对二氧化碳减排设备提供补助，对项目参与者要求其设定减排目标并努力实现减排目标，在此基础上批准其排放权的市场交易。此外，对于没有完成目标的参与者，采取收回补助或公布企业名称等处罚措施。

对参与JVETS的运营商来说，有三个方面的意义：第一，它可以带来经济上的利益。对于满足一定条件的参与运营商，JVETS可以提供CO_2减排设备的补助。此外，由于有可能进行排放权的交易，所以可以预期获得剩余排放权的出售收益。第二，企业实施排放量交易制度，可以积累必要的知识。要建立健全排放量交易市场，就必须确保对排放权的可信赖性。因此，JVETS为了保证其可信赖性，对基准年和削减措施实施当年的排放量实施了第三方认证。由日本环境部承担费用，参与的运营商通过对进行交易所必要的排放量的监测、计算、报告和认证，能够积累一些实务方面必要的技巧。第三，它能够提升企业形象。通过宣传企业积极针对环境问题采取行动这一点，可以期待利益相关者给予高度评价。

"试行排放量交易制度"和JVETS一样，是一个自愿参与型的制度，是为引入国内排放量交易制度而从2008年开始实施的。而且，该制度目标是国内综合市场，对于各种排放配额和信用（国内信用、京都信用）的交易都认可。

企业参与试行排放量交易制度，在经济上的利益如下：首先，这个制度和JVETS一样，认可在市场上进行的排放权交易，从而可以获取剩余排放权的出售收益。此外，从中获得的排放权或信用，可以被用于实现自愿行动计划中的减排目标，从这个方面来说参与该制度的意义较大。

然而，试行排放量交易制度的本质是基于自愿行动计划的制度。因此，没有对排放权设置上限，也没有通过基本单位目标的选择进行严格意义上的排放管理，这些问题也是自愿行动计划本身的问题所在。

6.5.2 国内排放量交易制度的课题

2010年，在该调查进行的时候，关于国内排放量交易制度，也在热烈讨论之中。此外，在地方自治体层面，东京都自2010年4月开始实施排放量交易制度。如此一来，在环境部和经济贸易工业部的研讨会上，有关国内排放量交易的相关讨论中，提出了设定和分配排放权，监测、计算、报告和认证的方法，以及国家和地方的关系等问题。因此，在调查中，针对图6-11所示的14个问题，调查受访企业是如何考虑的，并要求受访目标企业从"不重要""重要""非常重要"三个选项中选择。

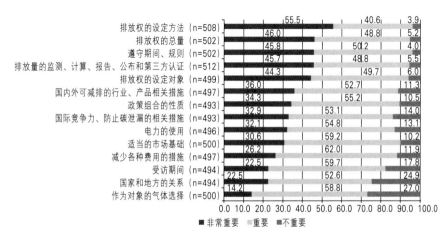

图6-11　国内排放量交易制度的课题（可多选）

注：n为回答企业数。

资料来源：根据调查数据，作者制图。

关于所有14个问题，企业回答"非常重要"或"重要"的比例超过七成。特别是，如"排放权的设定方法""排放量的监测、计算、报告、公布和第三方认证"等居于前五位的项目，超过九成的企业回答非常重要或重要。而回答"并不重要"的企业比例较高的项目是"作为对象的气体选择"（27.0%），然后是"国家和地方的关系"（24.9%）。从以上结果可以看出，企业关于排放量交易制度的研究，除了"排放权的设定方法"外，还重视"排放量的监测、计算、报告、公布和第三方认证"。在这一点上，今后有必要对日本国内制度乃至国际标准ISO 14064/14065的普及等进行调查分析。

在调查的最后，作为国内排放量交易制度的补充，要求目标企业从"国内信用制度""国际信用制度""J-VER制度"中选择一个最理想的制度。回答结果显示，选择国内信用制度的企业最多，有54.6%，显著高于选择J-VER制度的企业（39%）和选择国际信用制度的企业（31.6%）。从这一事实可以看出，很多企业对减排制度已经有强烈的偏好了。然而，对企业来说，国际信用制度中目前仅有CDM。因此，对国际信用制度的支持率较低，也有可能是对CDM制度的不满所导致的。

6.6　结语

在这一章中，针对目前正在进行的排放量交易，以上市企业为对象进行了调查，并利用调查结果揭示了日本企业的实际状况。根据调查，参与过CDM的企业或者购买过由此发行的排放权的CER的企业，也只占上市企业的一部分。调查结果显示，除了一些热心的企业，对很多企业来说国内排放量交易仍是新的、未知的制度。同时，关于CDM，企业所认为的评审、登记、发行需要时间，需要追加性的证明等问题也在客观上得以确认。此外，CDM实施的地区分布不均这一问题也有可能打击企业参与CDM项目的积极性。在这样的背景下，提出了建立国家之间的双边信用或者改革CDM等提案[①]。今后，根据后京都协议，尽快确定新的制度是十分必要的。

此外，关于国内信用制度和J-VER制度，参与的企业都认为其吸引力主要在于社会贡献而不是成本效果。排放量交易制度的本质是其成本效果方面的优势，但这一点可能并没有被认可。因为目前日本法律法规并没有对企业明确规定排放目标，所以出现这种情况也可能因为不一定有必要探讨减排的成本效果。然而，与此同时，该结果也表明了排放量交易制度没有被充分认可。政府应该进一步推进对排放量交易制度的推介。

---

①　在IGES（2010）、有村（2011b）等中有这方面的例子。

　　此外，在限额交易型排放量交易制度的引入之际，企业认识到，与排放权质量相关的"排放量的监测、计算、报告、公布和第三方认证"同排放权的分配方法及减排目标一起成为重要的研究课题。在下一章中，本书将针对这个问题进行分析。

［第7章］

温室气体排放计算的国际标准的发展动向：以 ISO 14064 和 ISO 14065 为中心

山本芳华

7.1 引言

《联合国气候变化框架公约》第3次缔约方会议（COP 3）通过了《京都议定书》，这迅速激活了国际性的地球气候变暖对策。同时，有关排放量交易制度及其联合执行、清洁发展机制（CDM）等京都机制以及与其类似的针对温室气体（GHG）排放和吸收的倡议，在很多国家和地区得到发展与实施。为了使上述机制与国际接轨，重要的是 GHG 排放量和吸收量的量化管理、监测、报告，以及由第三方机构对 GHG 排放量和吸收量进行验证时超越国家和地区范围的统一规则。这些国际规则是确定国际排放量交易制度等与 GHG 相关制度的基础。另外，通过制定国际规则，可以对各企业 GHG 排放量进行国际比较，这有助于维持国际商务公平、公正的竞争环境。

根据这样的宗旨，国际标准化机构（ISO）进行了与 GHG 排放量和吸收量的定量分析及报告、有效性确认及验证有关的国际标准的制定工作。作为统一标准，ISO／TC 207（环境管理标准化技术委员会，TC）在 2006 年制定了与 GHG 相关的 ISO 14064 标准的全部 3 个组成部分，然后在 2007

年制定了 ISO 14065 标准。作为与这些标准对应的日本工业标准，日本在 2010 年发布了 JIS Q 14064-1 标准，2011 年发布了 JIS Q 14064-2、JIS Q 14064-3 和 JIS Q 14065 三个标准。本章使用日本工业标准发布的这些标准用语。

　　本章基于尤其与企业经营相关的 ISO 14064 标准的内容，说明该标准所具有的特征。此外，为了研究哪些方法可以更加有效地实施这些与 GHG 相关的标准的具体要求，根据其他 GHG 项目的案例来加以研究。更进一步地，说明各国利用这些与 GHG 相关的国际标准的发展动向、国际接轨的方向和将来如何使用等问题。

　　本章的结构安排如下：第 7.2 节阐述 ISO 14064 标准和 ISO 14065 标准的特征；第 7.3 节简要说明 ISO 14064 标准的制定过程；第 7.4 节总结 GHG 排放计算标准与管理系统标准之间相关性的发展趋势；第 7.5 节总结各国针对 ISO 标准以外的与 GHG 有关的规则整合所采取措施的发展趋势；第 7.6 节是本章的结论。

7.2　ISO 14064 标准和 ISO 14065 标准的特征

　　ISO 14064 标准由三个部分组成。第一部分 ISO 14064-1 说明企业和政府机构等各种各样的组织对各自的 GHG 排放量进行量化分析的计算和报告步骤。第二部分 ISO 14064-2 规定 GHG 项目中旨在削减排放量或者增加吸收量的活动的量化、监测和报告的原则及要求事项，说明其操作指南。第三部分 ISO 14064-3 规定对组织量化的排放量进行验证的步骤和要求，以及对项目实施的有效性进行确认及验证的步骤和要求。

　　这些标准全部打包使用时，适用 ISO 14064-2 的项目的 GHG 排放量削减可以作为在 ISO 14064-1 中所说明的组织 GHG 排放动向的一部分（包括实际削减结果在内）进行报告。另外，报告时，通过满足 ISO 14064-3 规定的验证程序及要求，确保信息的可靠性，同时保证可以与其他组织进行比较。ISO 14064 本身，通过引入上述三个组成部分，说明面向社会可以发布更加可靠的 GHG 排放量信息的要求和程序。然而，用户可以只选择自己所需要的一部分执行。这是 ISO 14064 标准的特征，即对于用户来说具有高度的灵活性。

此外，在该标准中，不存在要求第三方进行核查的事项，这也是一个特征。然而，在许多国家和地区实行的排放量交易制度和联合国的清洁发展机制（CDM）等具有法律约束力的制度中，有些则要求由第三方进行核查。外部机构对组织计算出的温室气体（GHG）排放量进行审核，对 ISO 14064-3 标准规定的有效性进行审查和验证，ISO 14065 标准规定了对这些外部机构的具体要求。通过满足一定要求的外部验证机构的行为提高系统整体的可靠性，从这个意义上说，ISO 14065 具有补充 ISO 14064 系统的作用。换句话说，ISO 14064-3 规定了基于 ISO 14064-1 和 ISO 14064-2 的要求事项、关于温室气体（GHG）主张的有效性审定和核查方面的内容。为了进一步提高系统整体的可靠性，ISO 14065 规定了对外部验证机构的具体要求。

ISO 14066 规定关于外部验证机构的审查员和验证员的能力方面的要求，通过保证外部验证机构的验证能力，避免外部验证机构在验证温室气体（GHG）排放量和吸收量时自行其是的行为，维护以 ISO 14064 为中心的 GHG 标准本身的可靠性。图 7-1 归纳了这些关系。

JIS Q 14064-1 的引言部分列举了 ISO 14064 标准所带来的六个方面的效果：①提高温室气体（GHG）量化分析中环境方面的安全；②包括温室气体（GHG）项目排放量的减少和吸收量的增加在内，提升温室气体（GHG）的量化、监测和报告的可靠性、一致性和透明度；③促进温室气体（GHG）的组织管理战略和计划的制定与执行；④促进温室气体（GHG）项目的发展和实施；⑤通过温室气体（GHG）排放量的减少或吸收量的增加，提高绩效，有效把握进展情况；⑥通过温室气体（GHG）排放量的减少或吸收量的增加，提高信用，促进交易。此外，在 JIS Q 14064-1 引言中还暗示着，在企业进行风险管理、采取自愿行动、向监管机构和政府报告时使用 ISO 14064 标准，可能从中受益。

ISO 14064 标准的主要特征是其中立性。在 JIS Q 14064-1 标准中有这样的表述："JIS Q（ISO）14064 标准体系对于任何温室气体（GHG）项目

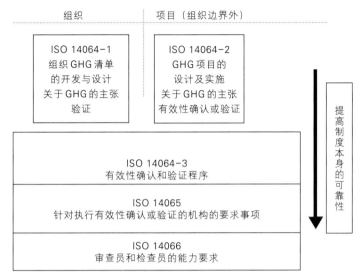

图7-1　ISO 14064系列标准和ISO 14065之间的相关性

资料来源：参考JIS Q（ISO）14064-1引言"图1 JIS Q 14064系列标准的关系"的内容，作者制图。

都是中立的。如果适用于某个温室气体（GHG）项目，则将该温室气体（GHG）项目的要求事项追加到JIS Q（ISO）14064标准体系的要求事项中，适用于所有项目。"（JIS Q 14064-1、2、3适用范围，为了说明，（ISO）为作者所加）。这是在欧美各国不断对排放量交易制度进行审查和执行的情况下，ISO 14064标准得到发展的缘故。此外，对于《京都议定书》，美国表示不参加，日本和欧洲表示参加，考虑到两者立场的差异，以不管在哪一个国家的制度中都可以使用为目标来制定标准，这是ISO 14064标准不以特定项目为标准、确保中立立场的原因之一。

　　具有中立性的ISO 14064标准的内容主要以操作程序为中心进行介绍，针对指导方针的介绍比较笼统。在该标准中，也没有详细介绍具体的案例。但是，因为可能适用于作为各国GHG项目的操作程序，由此就能形成计算、报告和验证横跨各国和各地区所制定和实施的各种项目的GHG排放量的共同基础，可以向排放量交易市场的国际接轨迈出第一步，可以说这是该标准制定的意义所在。

7.3　ISO 14064标准的内容

7.3.1　ISO 14064-1的内容

ISO 14064-1标准规定了组织GHG排放量及吸收量的量化与报告方面的原则以及要求事项。

在ISO 14064-1标准中，作为要求事项的根本，列举了五项原则：①相关性，即要求组织选择适应国家、自治体和消费者等利益相关者需求的GHG排放源、吸收源、储藏库、数据以及方法；②完整性，即包括在所属对象的范围、期间内所有适当的GHG排放量以及吸收量；③一致性，即能够对有关GHG信息进行有意义的比较；④准确性，即减少偏见以及不确定性；⑤透明性，即发布充分适用的GHG信息，使利益相关者能在合理的置信度内做出决策（JIS Q 14064-1 3原则，以下只记载要求事项的编号）。

按照ISO 14064-1标准计算GHG排放量时，焦点在哪里、如何计算，都是问题。关于排放量的计算范围，使用组织边界和活动边界两种方法来考虑。组织设定组织边界，在其范围内必须确定GHG排放源和吸收源以及GHG排放量、吸收量。在设定组织边界时，可以由单一组织构成，也可以由多个组织构成。在组织边界内，可以选择以下两种方法中的一种对设施的GHG排放量及吸收量进行合并：一种是基于财务控制权和活动控制权来决定的控制方法；另一种是按照出资比例来决定的出资比例方法。在选择控制方法的情况下，拥有股权但不拥有控制权的业务的GHG排放量或吸收量不能合并。控制包含财务控制或者运行控制两个标准，由组织选择其判断基准。在选择出资比例方法的情况下，根据经济上的股权或者由设施派生出来的利益所占比例来决定。因此，对于在几个国家或地区运行的跨国企业是有用的。当然，也可以选择这些方法以外的方法，但是不管选择哪种方法都必须以文件的形式做出规定（4.1组织的边界）。

另外，由于该标准以组织边界内的活动为对象，因此活动边界的设定很重要。因此，关于组织的运行，要求确定存在何种程度的GHG排放量及吸收量。将排放分为直接排放和间接排放来计算。直接排放是指随着组织拥有或控制范围内的化石燃料的使用产生的排放和制造过程中产生的排放。间接排放是指组织所消耗的电力、热能等在生产阶段产生的初始能源的排放等。该标准也要求以文件的形式规定这些活动的边界（4.2 活动的边界）。

与如何计算相关，在量化GHG排放量及吸收量的项目中，要求经过以下几个阶段：①识别GHG排放源和吸收源；②选择量化方法；③选择和收集GHG活动数据；④选择或开发GHG排放系数或者吸收系数；⑤计算GHG排放量及吸收量。

量化方法有三种：①基于计算的方法；②基于测定的方法；③基于计算的方法和基于测定的方法的组合。基于计算的方法包括：用GHG活动数据乘以GHG排放系数和吸收系数；利用模型；设施特有的关联性；质量平衡方法等。基于测定的方法是指根据浓度计直接测定。从这些量化方法中选择什么方法来使用，由组织决定，需要对方法的选择做出说明（4.3.3量化方法的选择）。

在量化GHG排放量及吸收量时所需要的、GHG排放系数或者吸收系数的选择和开发方面，有以下六点要求：①拥有公认的来源；②适用于相关的GHG排放源和吸收源；③在量化时有效；④考虑量化的不确定性；⑤在计算时追求恰当的、可再现的结果；⑥与GHG清单的预定用途一致。排出系数和吸收系数对GHG排放量、吸收量的量化有决定性的影响，所以要求组织在选择和开发时要有正当的具体根据（4.3.5 选择或开发GHG排放系数或者吸收系数）。

实际创建的GHG清单要由四个要素构成：①GHG排放量及吸收量；②旨在削减GHG排放量或者增加吸收量的组织活动；③基准年的清单；④评估和减少不确定性。

在量化GHG的排放量及吸收量时，用吨作为测量单位，同时使用适当的全球变暖潜值（global warming potential，GWP）[①]，对各种GHG量必

①　GWP是指将单位质量的各种GHG在规定的期间内辐射强制量的影响以二氧化碳当量来表示的系数(日本工业标准调查会审议，2011 a)。

须进行换算，这是构成要素之一。由政府间气候变化专门委员会（Inter-governmental Panel on Climate Change，IPCC）提供的GWP作为参考记载在附录C中（5.1 GHG排放量及吸收量）。另外，关于基准年的选择，一般应该选择过去的基准年，同时，如果没有充足的信息，可用最初编制GHG清单的年份作为基准年，使之具有一定的弹性（5.3基准年的选择及设定）。关于GHG排放量和吸收量的计算，组织大多使用排放系数和吸收系数进行计算，要求对与这些系数相关的不确定性进行评估并形成文件（5.4评估和减少不确定性）。

关于GHG清单，如果信息与事实不同，将会导致可靠性大大受损。因此，该标准对包括GHG信息管理、文件及记录保管在内的GHG清单的质量管理做出规定。为了保证GHG清单的内容质量，强化和构建组织内部的管理体制非常重要。因此，后面将详细阐述，在质量管理的要求事项中有很多与组织本身的管理有关的体系要求（6 GHG清单的质量管理）。

在ISO 14064-1标准中，希望有关组织通过GHG报告提供与上述内容相关的信息。组织应根据前述五个原则编制报告。另外，如果组织公开发布了GHG声明并宣称执行了该标准，那么通常必须一并公布与其声明独立的第三方验证陈述。并且，要详细记载这些报告的策划和报告的内容（7 GHG报告）。

在ISO 14064-3标准中提到，该标准关于验证的总体目的是"公平客观地评审所报告的GHG排放量及吸收量，或者根据ISO 14064-3的要求事项所作的GHG声明"（8 组织在验证活动中的作用）。并且，在进行验证准备、制订计划的基础上，组织还要考虑针对适用项目的要求事项，同时基于GHG清单目标利用者的要求事项确定适当的保证水平。根据目标利用者的需求、ISO 14064-3的原则及要求事项来进行验证。

该标准也对验证员的能力方面做出规定，要求验证员能认识到GHG管理的意义、理解作为验证对象的业务和过程、精通进行验证所需的必要专业技术知识以及该标准的内容和目的。关于验证员的能力方面，规定必须确保验证员具有ISO 14065标准所规定的能力，符合组织选定验证员的要求（8.3.3验证员的能力）。另外，希望验证员与被验证的业务运营相互独立，要求具有独立性。

组织可以要求验证机构提出包括验证活动的目的、范围及准则的说明、保证等级的说明、验证机构注明限定条件和局限性的结论等事项在内的声明（8.3.4 验证声明）。该标准本身可以单独适用，通过满足 ISO 14064-3 标准和 ISO 14065 标准的要求事项，可以更加可靠地量化与报告 GHG 排放量和吸收量。

7.3.2　ISO 14064-2 的内容

ISO14064-2 标准规定的是，在 GHG 项目和起因于该项目的某种 GHG 排放量的削减和吸收量的增加方面，为了使用户之间和 GHG 项目之间的比较成为可能而进行量化、监测及报告所要遵循的标准化操作步骤。

该标准要求事项的基本原则是在 ISO 14064-1 中介绍的相关性、完整性、一致性、准确性和透明性，再加上保守性，共有六项原则。保守性是指，为了确保 GHG 排放量的削减或吸收量的增加不被夸大评价，要求使用保守的假设、数值及程序。

在 ISO 14064-2 标准中，GHG 项目的流程大体上分为规划阶段和实施阶段两个阶段，各阶段要求事项的内容不同。在规划阶段，首先对项目概念进行识别，再对项目进行设计并评估其可行性。然后，与利益相关者磋商，对 GHG 项目实施方面的要求事项进行评估，如果适当的话，针对该 GHG 项目，向相关政府部门申请项目许可证。在 ISO 14064-2 标准中规定了在规划阶段的一系列过程中建立 GHG 项目并形成文件的要求事项。

实施阶段包括从项目活动的开始到项目终结的全过程。该过程中包括对源于 GHG 项目的 GHG 单位[①]进行定期验证、核定及批准，提交 GHG 报告书，验证最终的 GHG 排放量削减及吸收量增加，为了获得对源于 GHG 项目的 GHG 单位的批准，接受对最终 GHG 排放量削减及吸收量增加的验证。在 ISO 14064-2 标准中，还规定了在实施阶段选择和适用 GHG 排放量及吸收量的计算、排放量削减及吸收量增加的定期数据质量管理、监测、

---

① GHG 单位是指，核定减排量(CER)、排放削减单位(ERU)、信用及补偿。GHG 单位通常用 CO_2 e 吨表示(日本工业调查会审议，2011a)。

量化及报告等方面的标准和程序方面的要求事项。

在该标准中，如前所述，为了能广泛、灵活地适用于不同种类及规模的GHG项目，不是对特定的标准和步骤做出规定，而是确定原则，规定过程的要求事项。结果是，该标准与所有的GHG项目相匹配，采取中立的立场。日本工业调查会审议（2011a）中指出，存在这样的讨论，即以项目为对象的ISO 14064-2标准是在京都机制已经存在的情况下制定的，重视京都机制的日本和发展中国家、在重视京都机制的同时也努力将其与本国的制度相融合的欧盟各国、对京都机制持反对态度的美国，对该标准的内容存在很大的分歧。结果是，该标准与京都机制完全不同，在实际制定时也考虑了使京都机制能使用该标准。因为具有这一中立性的特点，为了使该标准能以更值得信赖的形式得到运用，仅有该标准是不够的，有必要利用源于GHG项目、最佳实践、适当的法律和其他标准的追加要求事项。这样的法律、GHG项目、最佳实践可以从很多来源获得，并不断发展，因此要能与形势相结合运用，这非常重要。在ISO 14064-2标准中，作为良好的实践的例子，列举了世界可持续发展工商理事会（WBCSD）及世界资源研究所（WRI）提供的GHG协议，期望引用其内容。这里，WBCSD和WRI是ISO的联络员，在ISO 14064-2标准的制定过程中，在国际融合性方面具有发言权和影响力。由于存在这些历史背景，在多种多样的制度中，该标准应该是原则性的程序（JIS Q 14064-2 5.1一般要求事项，以下只记载要求事项的编号）。

表7-1表示该标准的内容概要。在同样的要求事项中，记载规划阶段应该做的内容以及执行阶段应该做的内容。在规划阶段要求选择和确立细致程序的项目较多，而在实施阶段规定运用的项目较多。

特别是在ISO 14064-2标准中，与前述的ISO 14064-1标准不同，随着GHG项目对象的不同，重要的是关于项目的记载内容及其对象的特定问题。因此，对于项目，在考虑适当的GHG排放源、吸收源和储藏库等事项之后，最常说明的是没有所建议的GHG项目的情况，为识别和评价成为假设标准的基准情形而规定标准和程序（JIS Q 14064-2 5.4基准线情景的确定）。另外，在量化GHG排放量及吸收量中，必须选择确保不夸大

表 7-1　　　　　　　ISO 14064-2 标准内容和关联标准类别

ISO 14064-2 标准的要求事项内容	规划阶段	实施阶段	关联标准类别
5.1　一般要求事项	适用	适用	
5.2　项目说明	制定	更新	
5.3　与项目有关的 GHG 排放源、吸收源及储藏库的识别	选择或建立并应用准则和程序	—	
5.4　基准线情景的确定	选择或建立并应用准则和程序	更新	
5.5　基准线情景下的 GHG 排放源、吸收源及储藏库的识别	选择或建立并应用准则和程序	—	
5.6　为监测或估算 GHG 排放量及吸收量，对有关的 GHG 排放源、吸收源及储藏库进行选择	选择或建立并应用准则和程序	—	
5.7　GHG 排放量和（或）吸收量的量化	选择或建立准则和程序	应用准则和程序	
5.8　GHG 排放量削减和吸收量增加的量化	选择或建立准则和程序	应用准则和程序	IPPC 编制 GWP（附录 B）
5.9　数据质量管理	选择或建立准则和程序	应用准则和程序	
5.10　GHG 项目监测	选择或建立准则和程序	应用准则和程序	
5.11　GHG 项目文件	建立准则和程序	应用准则和程序	
5.12　审定和（或）验证 GHG 项目的适当性	审定适当性	GH 排放量削减或吸收量增加的验证	ISO 14064-3
5.13　GHG 项目报告	建立准则和程序	应用准则和程序	ISO 14064-3

　　资料来源：在 JIS Q（ISO）14064-2 4 GHG 项目简介"图 4　规划的要求事项与实施的要求事项的联系"说明项的基础上，作者增加部分内容。

评价的假定以及数值。在量化方面，与 ISO 14064-1 标准一样，要求说明关于选择和发展 GHG 排放系数或者吸收系数的理由（5.7 GHG 排放量和（或）吸收量的量化）。在量化 GHG 排放量削减及吸收量增加的过程中，也必须使用适当的 GWP 进行吨换算（5.8 GHG 排放量削减和吸收量增加的量化）。此外，在对计算出的数据进行质量管理的过程中，必须确立和运用信息管理的质量管理程序，以降低与 GHG 排放削减量及吸收增加量有关的不确定性为目标（5.9 数据质量管理）。

关于 GHG 项目监测问题，该标准规定，对于项目及基准情形，当量化和报告适当的 GHG 排放量及吸收量时，要确定并维护获得、记录、收集、分析重要数据与信息的标准和程序。另外，在实施测量和监控的时候，机器校对根据现行的最佳实践进行（5.10 GHG 项目监测）。并且，创建这些项目与该标准要求相符的证明文件，作为审定和验证有效性的基础（5.11 GHG 项目文件）。在接受 GHG 项目的有效性审定和验证的基础上，项目推进人对有效性审定员（validator）和验证员（verifier）必须提出关于 GHG 的主张。此外，要确保有效性审定和验证符合 ISO 14064-3 标准的原则及要求事项（5.12 审定和（或）验证 GHG 项目的适当性）。并且，在公布符合该标准的关于 GHG 的主张时，有必要提供根据 ISO 14064-3 标准创建的由独立第三方提供的有效性审定或验证声明书，或者满足该标准11 个要求的 GHG 报告（5.13 GHG 项目报告）

7.3.3 ISO 14064-3 的内容

ISO 14064-3 标准规定了对关于 GHG 主张的有效性进行审定和验证时要遵循的原则、要求事项以及操作指南。要求事项具体规定如下：①对 GHG 有效性的审定员和验证员的要求事项；②有效性审定或者验证的过程；③有效性审定或者验证的保证等级、目的、准则和范围的设定；④有效性审定和验证的方法；⑤对 GHG 的信息系统及其控制的评价；⑥对 GHG 的数据和信息的评价；⑦根据有效性审定或者验证的标准进行的评价；⑧关于 GHG 主张的评价；⑨有效性审定或者验证的声明书；⑩有效性审定或者验证的记录；⑪有效性审定或者验证后发现的情况。该标准与其他 ISO 14064 标准一样，对多种多样的项目规定中立性的框架。

该标准要求事项的基本原则包括四点：独立性、道德行为、公正报告和职业素养。独立性原则要求，不带偏见，无利益联系，采取独立的立场，根据客观的证据进行有效性审定和验证，保持终始一贯的客观性。道德行为原则要求，在有效性审定和验证过程中，终始一贯讲信用、诚实、保密、公私分开，遵守道德操守。公正报告原则要求，真实准确地反映有效性审定和验证的活动、发现、结论及报告，并且要如实报告审定和验证过程中遇到的重大障碍和分歧意见。职业素养原则要求，与所实施业务的重要性、委托方及目标用户所寄托的信任相吻合，以职业谨慎为基础做出判断，具备实施有效性审定或者验证所需的技能。

与前述的ISO 14064-1标准、ISO 14064-2标准不同，该标准是以有效性审定员或者验证员为对象的标准。因此，除了与能力相关的内容，还有有效性审定和验证过程方面的程序。首先，阐述有效性审定员或者验证员的作用、责任、能力、独立性、利益联系的规避、道德行为、公正行为、适用标准和GHG项目要求事项的满足等内容（JIS Q 14064-3 4.1有效性审定员或者验证员，以下只记载要求事项的编号）。其次，要求在有效性审定和验证开始之前与委托方就保证等级、目的、准则、范围和重要性等达成一致，确保有效性审定和验证与委托方的需求一致（4.3 有效性审定或者验证的保证等级、目的、准则和范围）。再次，关于有效性审定或者验证的计划方面，包括与委托方的协议内容在内，必须制定审定或者验证的活动及日程。另外，在抽样计划书的编制方面，需要考虑达成保证等级所不可缺少的定性证据和定量证据的数量和种类，抽样决定的方法论及其潜在的误差、遗漏或虚假陈述的风险（4.4 有效性审定或者验证的方法）。

当对GHG的信息系统及其控制进行评价时，要求针对潜在的误差、遗漏及虚假陈述的发生源即GHG信息系统及其控制进行评价（4.5 对GHG信息系统及其控制的评价）。为了收集关于组织或者项目的GHG主张的证据而对相关数据和信息进行的评价必须根据抽样计划书进行（4.6 对GHG的数据和信息的评价），在此基础上，评价组织或者GHG项目是否与有效性审定或者验证的标准相符（4.7 根据有效性审定或者验证的标准进行的评价）。并且，需要评价收集的证据是否充分，证据是否支持关于GHG的主张。另外，对收集的证据进行评价时，也要考虑其重要性（4.8 关于 GHG 主张的评价）。

在历经这些过程的基础上，有效性审定员或者验证员在完成任务后，对责任方发布有效性审定或者验证声明书（4.9 有效性审定及验证的声明书）。关于验证记录问题，要求对整个过程加以适当管理（4.10 有效性审定或者验证的记录）。最后，在有效性审定或者验证声明书发布日期之前，在获得充分的证据和特定信息的基础上，要求审查对此后的事实是否也加以适当处理（4.11 有效性审定或者验证后发现的情况）。

如上所述，标准本身的内容是基本的程序，关于标准利用的操作指南（ISO 14064-3 附录 A）记载了更加详细的内容。然而，这些附件也不是要求强制执行的，而应作为参考的操作指南。

7.4　计算 GHG 排放的国际标准与管理体系标准的关联性

7.4.1　ISO 14064 和 ISO 14001 的关联性

在 ISO 14064-1 标准的 GHG 清单设计中，关于 GHG 的信息管理有类似于组织的管理体系标准的内容。具体来说，适用的有：6.1.1　GHG 信息管理中的项目"c）日常检查作业""e）记录文件及存档"；6.1.2　GHG 信息管理操作指南的考虑事项"a）确定和审查清单编制负责人的职责和权限""g）测量装置的使用、维护和校准（如果适用）""i）对准确性进行常规检查""j）定期进行内部审核及技术评审"。此外还有：在 7　GHG 报告的要求事项中，7.2　GHG 报告的策划中应考虑并形成文件的项目"a）组织的 GHG 方针、战略或方案，基于 GHG 项目关联性的报告的宗旨和目的"；7.3.2　组织考虑在 GHG 报告中包含的项目"a）对组织 GHG 方针、战略和方案的说明"。

上述项目与组织中以 PDCA 循环为基础的管理体系标准即关于质量管理的 ISO 9001 标准、关于环境管理的 ISO 14001 标准的要求事项相重合。也可以说，通过与其他管理体系标准相结合，可以使 GHG 清单的质量管理更加稳固、GHG 的报告内容更加充实。特别是，ISO 14064 标准是经过

TC 207的WG 5（Working Group工作组）、在SC 7（Sub-committee下属委员会）中审查的ISO 14000标准系列的一部分。关于以ISO 14001和ISO 14064为代表的GHG标准的关联性，在2011年6月到7月召开的奥斯陆会议中，也作为监控、报告和验证GHG削减的管理体系经受审查。由负责环境管理体系标准ISO 14001的SC 1和负责GHG相关标准的SC 7的成员构成特别小组进行深入讨论。

7.4.2　欧洲排放量交易制度和管理体系

与计算GHG排放的国际标准相关的管理体系的合作在其他的GHG计划中是怎样的？来看看处理组织中GHG排放量及吸收量的欧洲排放量交易制度（European Union Emission Trading Schemes，EU ETS）。EU ETS从2005年1月起开始试行。试行EU ETS时，最大的问题是GHG数据的正确性。因为如果GHG数据的质量没有保证，这个制度本身的可靠性就会受到损害。在试行EU ETS期间，EU指令发布，在关于管理体系标准、监测和报告的方针中、第7章质量保证及控制（7.Quality Assurance and Control）里有关于管理体系和EU ETS的数据质量管理的规定（Commission of the European Communities，2004）。

该规定指出，组织中的操作员必须为监测和报告GHG排放量构建有效的数据管理体系、形成文件，并在引入的基础上加以维护，在开始编制报告前，引入数据管理体系，在验证的准备中记录所有数据，使之得到控制。另外规定，为此，可以在欧洲引入环境管理体系标准EMAS（Eco-Management and Audit Scheme）或者包含ISO 14001：1996在内的环境管理体系的内容等质量管理程序。由此可见，EU ETS表明，为了尽早提高GHG排放量的质量，可以与现有的管理体系标准相结合，这有助于保证数据质量。

7.5　国际社会采取的措施和ISO 14064标准的运用

7.5.1　限额交易制度和面向国际碳市场的国际接轨

国际碳行动伙伴组织（International Carbon Action Partnership，ICAP）

是欧盟主要国家、美国和加拿大各州、新西兰等为使各个国家和地区的排放量交易制度实现国际接轨而于2007年10月成立的。目前，已经有14个国家、15个州和地方政府参加了ICAP。在日本，东京都于2009年4月参加。另外，作为观察员，日本、韩国和乌克兰三个国家参加（见表7-2）。另外，作为最有效地实现GHG削减的手段，国内限额交易型排放量交易制度是有用的，也正在成为国际碳市场的基石，ICAP在努力共享关于限额交易制度的知识。在此，对计算和报告GHG排放（削减、吸收）数量的规则进行国际整合，也是要探讨的主题之一。

表7-2 ICAP成员方状况

成员国（14个）	（欧洲12个）欧盟、丹麦、英国、法国、德国、希腊、爱尔兰、意大利、荷兰、葡萄牙、西班牙、挪威 （澳洲2个）新西兰、澳大利亚
作为成员方的州和地方政府等（15个）	（美国10个）加利福尼亚州、纽约州、缅因州、马里兰州、马萨诸塞州、新泽西州、亚利桑那州、新墨西哥州、俄勒冈州、华盛顿州 （加拿大4个）英属哥伦比亚州、马尼托巴州、安大略州、魁北克州 （亚洲1个）东京都
观察员（3个）	日本、韩国、乌克兰

资料来源：根据ICAP网站信息（http：// www.icapcarbonaction.com/，2011年10月10日），作者制表。

7.5.2 针对能源有效利用的国际合作

美国将从2012年开始，以能源部为中心，推进卓越能源绩效（Superior Energy Performance Program，SEP）。这是为努力提高工厂的能源效率性和能源改善绩效提供方法的自愿减排项目。该项目是在美国的主导下策划制定的，在2011年发行的能源管理体系ISO 50001标准的基础上，加上能源绩效改善的达成并形成文件的要求事项，通过美国国内产业界、政府和其他团体的合作得以实现。然而，既有想要使这种活动在未来成为国际性活动的目的，也有为了提高国际社会的能源绩效、全球卓越能源绩效

（Global Superior Energy Performance Partnership，GSEP）[①]从 2010 年 7 月开始的合作组织的活动。参加的国家有加拿大、欧盟、法国、印度、日本、韩国、墨西哥、俄罗斯、南非、瑞典和美国。这个项目的潜在意义在于，通过把国际标准 ISO 50001 标准作为体系标准来加以运用，有可能使 SEP 项目具有通用性，使国际接轨变得容易，并通过 ISO 14064 标准和 ISO 14065 标准的相互配合，有可能确立企业间的 GHG 交易体系甚至是国际性的 GHG 交易体系。

7.6　结语

本章阐述了以下观点：ISO 14064 标准由于持有中立的立场，因此适用于各国的 GHG 项目。可以说，该标准的意义在于，通过各个国家和地区制定、个别实施的各类项目与该标准相结合形成共同基础，从而向排放量交易市场的国际接轨迈出第一步。将来 ISO 14064 标准要修订，对其内容也要加以探讨，随着时间的推移，与各类项目结合使用的事例逐渐增多，应该进一步成为共同基础的内容也会不断增多。

另外，该标准不是单独使用，而是与其他标准结合使用，可以在更大程度上提高效果。特别是在 ISO 14064-1 标准中，组织内的管理体系通过 ISO 14001 标准和其他环境管理体系得以强化，这从标准要求事项的内容中可以看出。实际上，在 EU ETS 中，这种管理体系的强化也是比较有效的，指导方针非常明确。对计算和报告 GHG 排放（削减、吸收）数量的规则进行国际整合，也是要探讨的主题之一，由此也能看出国际社会在采取行动。

此外，本章还介绍了关于能源有效利用的国际合作问题。能源问题是作为与 GHG 排放量密切相关的问题而存在着的。在着眼于能源的有效利用、为实现国际接轨而创建未来的排放量交易市场之际，计算 GHG 排放

---

① 详见世界清洁能源部长级会议(2011)。

的标准是有意义的。通过规定能源管理体系的ISO 50001标准与GHG规定的相互配合，新的国际性合作将被作为今后的动向引起关注。

日本在2011年发布了JIS Q 14065标准，日本适合性认定协会开始受理认定机构的申请。财团法人日本质量机构在日本最先取得ISO 14064-1标准（8.电气电子、产业机械，9.其他制造业）、ISO 14064-2标准（1.GHG削减项目（来自能源））和ISO 14065标准的认定，很多机构也在相继申请ISO 14065标准的认定。ISO 14064标准和ISO 14065标准的倡议刚开始。为了既能强化组织体制又能应对国际市场的接轨，组织应当如何利用该标准，今后将有更多的举措值得期待。

[第8章]

关于采用ISO 14064标准的决定性因素的实证分析

片山东

8.1 引言

　　企业通常要努力协调好经营活动与环境的关系，而温室气体（greenhouse gas，GHG）被认为是全球气候变暖的主要原因，削减GHG排放量正是企业经营上的重要课题之一，为此企业要采取各种各样的措施。同时，企业开始应要求向外部公布其采取各种措施所取得的成果。其中的一个例子是"碳披露项目"，即机构投资者联合起来，要求企业公布其针对全球气候变暖问题的战略和GHG排放量。

　　在这种趋势下，要求提高GHG排放量数据的可靠性。前面章节介绍的ISO 14064标准是国际标准化组织（International Organization for Standardization，ISO）于2006年3月发布的标准，有了这个标准，就可以基于共同的标准对GHG排放量、削减量进行测定和管理，保证"1吨的CO_2一定是1吨的CO_2（a tonne of carbon is always a tonne of carbon"（Weng和Boehmer，2006）。可以预测，如果企业采用这个标准，会提高GHG排放量数据的可靠性，不过是否采用该标准，则由企业自主决定。因此，ISO 14064标准的采用可能不太普及，不过与环境管理系统（EMS）的国际标准ISO 14001标准的认证一样，也可能有很多企业采用该标准。

　　在考虑到上述现状的基础上，本章使用以日本国内上市企业为对象进行调查所得到的数据，分析是什么样的因素促使企业积极采用 ISO 14064 标准的。另外，为普及 ISO 14064 标准提供有效的政策建议，也是本章的目的所在。在分析决定性因素时，在研究层面和政策层面所考虑的重要因素均为是否取得 ISO 14001 标准的认证，这一点特别受到关注。伴随着取得 ISO 14001 标准认证的企业数量的增加，有很多先行研究分析关于"取得 ISO 14001 标准认证的企业与未取得认证的企业相比，前者是否更好地改善了环境绩效"的问题。到目前为止，先行研究中没有考虑取得 ISO 14001 标准认证的效果，本章并非分析环境绩效本身，而是分析对于新管理实践的采用的影响。

本章的结构如下：第 8.2 节说明 ISO 14064 标准与 ISO 14001 标准的相关内容，但是因为前面章节对两个标准作了说明，所以本章仅简要提及；第 8.3 节回顾与本章相关的先行研究；第 8.4 节说明估计模型及分析所使用的变量；第 8.5 节说明数据；第 8.6 节说明估计的结果；最后是本章的结语。

8.2　ISO 14064 标准与 ISO 14001 标准

8.2.1　ISO 14064 标准

ISO 14064 标准的概念是并非像过去一样计算每个经营部门的 GHG 排放量，而是计算企业和公共团体等组织整体的排放量（工藤，2010）。如前面章节所述，ISO 14064 标准由三个部分构成：第一部分（ISO 14064-1）规定关于组织或企业水平的 GHG 清单的开发、设计、运营管理及报告的要求事项；第二部分（ISO 14064-2）是关于强化 GHG 减排和 GHG 清除项目方面的标准，规定旨在确定基准线的要求事项，以及项目和绩效的监测、计算和报告方面的要求事项等；第三部分（ISO 14064-3）规定关于GHG 报告书和主张有效性的审查及认证过程方面的要求事项，一般企业也可以使用，可以说该标准主要是以第三方认证实施机构为对象。

根据稻垣（2010）的研究，通过有效使用 ISO 14064 标准，使得以下认证体系成为可能。企业首先基于 ISO 14064-1 标准来计算和报告 GHG 排放量，计算和报告正确与否由第三方认证实施机构根据ISO 14064-3标准来进行认证。如果这样有效使用该标准，就可以提高排放量数据的可靠性，使企业间的排放量比较和排放量交易更为易行。对于企业而言的好处是，把GHG减排努力"信用化（财务价值化）"，把适合将来法律规制的碳风险（GHG碳排放负债）"可视化"，根据能够迅速为客户提供高精度的GHG信息体现出"差异化"等（岩尾，2008）。另外，通过正确计算排放量，实现经营活动中GHG排放的"热点特定化"，不断推进管理实践，从而"提升企业形象"。另一个对于企业而言的好处在于，正如稻垣（2010）所指出的那样，如果在海外同样可以有效使用ISO 14064标准，那么企业开展海外业务时则易于收集和整理关联企业的排放量数据。

如前所述，ISO 14064-3标准可以说主要是以第三方认证实施机构为对象的标准，所以本章的分析对象是ISO 14064-1及ISO 14064-2。另外，参加清洁发展机制（CDM）项目的企业不多，所以强化GHG清除或吸收之类的项目并不多见。因此，现在可以推测，很多企业对ISO 14064-2标准不太关心。为此，除非另有说明，否则，下文中只要提到ISO 14064标准，则意味着是ISO 14064-1标准。

8.2.2 ISO 14001标准

ISO 14001标准是ISO于1996年发布的EMS国际标准。要取得认证，就要构建PDCA循环，即与环境绩效改善相联系的计划的构建（plan）与执行（do）、此后的绩效改善的确认（check）和计划的重新评估（action）这样的循环。在这个循环中，可以对减轻环境负担、改善组织经营、推进环境经营等有所期待。如果取得认证，则3年内登记有效，3年后想更新认证时需要进行审查。

由企业和经营部门自主判断是否要取得ISO 14001标准的认证，但是也有企业把取得认证作为交易的条件，在商业中取得ISO 14001标准的认证逐渐成为事实上的标准。该标准自1996年发布以来，取得认证的企业和经营部门数量一直在增加，到2009年12月，共有159个国家取得223 149件认证（ISO，2010）。仅日本国内的企业和经营部门，到现在为止共获得39 556件认证，日本所获认证件数是仅次于中国的第二多的国家。

8.3　先行研究和研究问题

由于 ISO 14064 标准是最近才发布的，因此几乎没有学术性研究特别是数据分析。可以从各种角度来分析 ISO 14064 标准，本章特别重视其与 ISO 14001 的关联。理由有两点：（1）ISO 14001 和 ISO 14064 都是 ISO 标准；（2）取得 ISO 14001 标准认证和采用 ISO 14064 标准都是企业针对环境采取的措施，获得和采用以自主判断为基础。由于这些共同点，到现在为止，关于取得 ISO 14001 标准认证的决定性因素的先行研究所得到的结果，可以在一定程度上说明 ISO 14064 标准采用的影响因素。

随着取得 ISO 14001 标准认证的企业和经营部门数量的不断增加，至今为止有很多研究分析认证取得的决定性因素（例如，Arimura 等，2008；Darnall，2003；Frondel 等，2008；Nakamura 等，2001；Nishitani，2009；岩田等，2010）。先行研究提出了一些决定性因素，如企业规模、出口目的地、主要客户类型、有无利益相关者的压力和环境规制等。根据前述的共同点，这些因素对 ISO 14064 标准的采用也会产生影响。

还有很多研究分析了 ISO 14001 标准认证的取得对企业环境绩效的影响。一方面，Russo（2002）、Potoski 和 Prakash（2005）利用美国企业的数据，对取得 ISO 14001 标准认证的企业和没有取得认证的企业进行比较，发现取得 ISO 14001 标准认证的企业减轻环境负担的倾向更强。Arimura 等（2008）和岩田等（2010）利用日本经营部门的数据，分析得到同样的结果。另一方面，Barla（2007）利用加拿大纸浆和造纸业经营部门的数据，分析表明取得 ISO 14001 标准认证并没有这样的效果。King 等（2005）、Darnall 和 Sides（2008）的研究结果也表明，ISO 14001 认证的取得没有显著改善环境绩效。总之，关于 ISO 14001 标准认证的取得对环境绩效的影响，不同的研究得出了不同的结果，至今没有统一明确的结论。

这些先行研究有一个共同点，即在考虑 ISO 14001 标准认证取得的影响时，都把是否改善了环境绩效作为焦点。但是，取得 ISO 14001 认证的影响不限于环境绩效的改善，取得 ISO 14001 标准认证的企业通过 PDCA 循环，不仅会改善环境绩效，而且会对供应链产生影响，还会积极地引入新的管理实践，如在企业社会责任（corporate social responsibility，CSR）领域里采取措施等。例如，Arimura 等（2011）的研究发现，取得 ISO 14001 标准认证的经营部门与没有取得认证的经营部门相比，在客户的选定上，对环境绩效进行评价的概率要高 40%，要求客户采取环保措施的概率要高 50%。本章考察新的管理实践即 ISO 14064 标准的采用，验证取得 ISO 14001 标准认证的企业是否更积极地采用新的管理实践。

　　本章在分析 ISO 14001 标准认证的取得和 ISO 14064 标准的采用之间的关系时，也分析取得 ISO 14001 标准认证以来的期限给两者关系带来的影响。到目前为止的先行研究不涉及取得 ISO 14001 标准认证以来的期限，隐含假设是 ISO 14001 标准给环境绩效带来的影响是一定的（例如，Arimura 等，2008；Barla，2007；King 等，2005）。但是，ISO 14001 标准的影响可能依赖于取得 ISO 14001 标准认证以来的期限。例如，采用 ISO 14001 标准措施，最初可能出现节约能源和资源的效果，但是认证取得 2~3 年后这种效果可能就没有了（米仓，2010）。在这种情况下，取得 ISO 14001 标准认证的效果随着期限的增加而不断减少。但是另一方面，对于本章所分析的新的管理实践的采用，取得 ISO 14001 标准认证的效果可能随着期限的增加而不断增加。究其原因是，取得 ISO 14001 标准认证的企业，在认证后经过若干年，越来越难取得关于环境负担减轻的成效，这时可能要运用 EMS 在新的领域推广针对环境的措施以取得成效。

　　综上所述，本章的研究问题有两个：

　　（1）取得 ISO 14001 标准认证的经营部门与未取得认证的经营部门相比，前者采用 ISO 14064 标准的倾向更强吗？

　　（2）ISO 14001 标准认证的取得与 ISO 14064 标准的采用之间的关系是如何依赖于取得 ISO 14001 标准认证以来的期限的？

　　下节讲解为回答这些研究问题所构建的分析框架。

8.4　分析框架

8.4.1　估计模型

本章的分析一般使用企业实际做出选择（本章的情况是采用/不采用ISO 14064标准）的数据来阐明决定性因素。但是，本章使用的企业调查是于2010年年底实施的，受访企业中不存在实际采用ISO 14064标准的情况。因此，不能使用一般方法进行分析。为了处理这个问题，本章运用企业对ISO 14064标准的看法方面的信息进行分析。如下节所说明的那样，企业在关于"有关ISO 14064标准采用的现状"的调查中被询问，如果知道ISO 14064标准，从"正在讨论采用"和"不打算采用"中选择其一做出回答。通过运用该信息来阐明影响ISO 14064标准采用的因素。

分析的难点是，调查中回答"正在讨论采用"的企业，在讨论后得到的结论可能是"打算采用"或"不打算采用"。以下说明如何进行模型化。$ISO14064_i^*$表示企业i认为从采用ISO 14064标准中可以获得的（期望）收益。假定$ISO14064_i^*$与是否取得ISO 14001标准认证、取得ISO 14001标准认证以来的期限以及其他因素的关系如下：

$$ISO14064_i^* = \alpha ISO14001_i + \beta ISO14001_i \times TIME_i + x_i\gamma + \varepsilon_i$$

式中，$ISO14001_i$是虚拟变量，企业i取得ISO 14001标准认证时取值1，没有取得认证时取值0；$TIME_i$是取得ISO 14001标准认证以来的期限；x_i是包含企业特征在内的控制变量和单位行向量，ε_i是误差项；(α,β,γ)是参数。交叉项$ISO14001_i \times TIME_i$表示的是ISO 14001标准认证的取得与ISO 14064标准的采用之间的关系可能依赖于取得ISO 14001标准认证以来的期限。取得ISO 14001标准认证后采用ISO 14064标准所获得的期望收益减去未取得认证所获得的期望收益的差，经平均后得到：

$$E[ISO14064^*|ISO14001 = 1, TIME, x] - E[ISO14064^*|ISO14001$$
$$= 0, TIME, x] = \alpha + \beta TIME$$

其中，α为正，β为正（负），表示随着取得ISO 14001标准认证以来的期限越长，ISO 14001标准的影响越大（越小）[1]。如果β为零，则表示 ISO 14001标准的影响不依赖于取得标准认证以来的期限，也就是保持 不变。

其次，$ISO14004_i$是虚拟变量，表示企业i打算采用ISO 14064标准时 取值1。假设不能实际观测的$ISO14064_i^*$与$ISO14064_i$之间的关系如下：

当$ISO14064_i^* \geq 0$时，$ISO14064_i = 1$

当$ISO14064_i^* < 0$时，$ISO14064_i = 0$

该假设的含义是"如果企业i认为从采用ISO 14064标准中获得的 （期望）收益大于等于0，则企业打算采用ISO 14064标准"。此时假定ε_i 服从标准正态分布，$ISO14064_i = 1$的概率可以表示为：

$$\mathrm{P}_r(ISO14064_i = 1|ISO14001_i, TIME_i, x_i) = \Phi(\alpha ISO14001_i + \beta ISO14001_i \times TIME_i + x_i\gamma)$$

其中，$\Phi(\cdot)$是标准正态随机变量的分布函数。

如果企业的回答是"打算采用"和"不打算采用"中的任何一个，利 用上式，根据最大似然法可以估计出(α, β, γ)[2]。但是调查的实际回答不是 "打算采用"，而是从"正在讨论采用"和"不打算采用"中选择一个。本 章基于下面的想法来处理该问题。首先假设对调查做出回答的时点为时期 1。所有企业在讨论结束时为时期2。因此，在时期2，所有企业得出讨论 结论，即选择"打算采用"或"不打算采用"中的任何一个。在时期2， "打算采用"的企业在时期1应当是正在讨论，在调查中回答"正在讨论 采用"。在时期2，"不打算采用"的企业有两种类型：第一种是时期1正 在讨论（因此在调查中回答"正在讨论采用"）、讨论结果是"不打算采 用"的企业；第二种是时期1回答"不打算采用"的企业（这里假定回答 "不打算采用"的企业在调查时已经结束了讨论）。

这里简单假设：在时期2"不打算采用"的企业，在时期1回答"正 在讨论采用"的概率为p，回答"不打算采用"的概率为$1-p$。概率p可以

---

① 更准确的说法是，影响越来越小，在一定时间后变为负的。

② 此时，对二元选择进行模型化时，一般利用Probit模型。

解释为企业最终不打算采用、因为讨论开始晚了所以在调查时没有得出结论的概率。

在该假设下，调查中回答"正在讨论采用"的概率为：

$$\mathrm{P}_r(RES_i = 1|ISO14001_i, TIME_i, x_i) = \Phi(\alpha ISO14001_i + \beta ISO14001_i \times TIME_i + x_i\gamma)$$
$$+ p(1 - \Phi(\alpha ISO14001_i + \beta ISO14001_i \times TIME_i + x_i\gamma))$$

其中，RES_i 是虚拟变量，表示当企业 i 回答"正在讨论采用"时取值 1。另外，回答"不打算采用"的概率为：

$$\mathrm{P}_r(RES_i = 0|ISO14001_i, TIME_i, x_i) = (1 - p)(1 - \Phi(\alpha ISO14001_i + \beta ISO14001_i \times TIME_i + x_i\gamma))$$

使用这些概率，根据最大似然法估计模型的参数 $(\alpha, \beta, \gamma, p)$。

为了知道各个解释变量对打算采用 ISO 14064 标准的概率会产生何种程度的影响，可以使用估计出的参数计算各个解释变量的边际效应。边际效应是指，保持其他解释变量不变，该解释变量变化 1 个单位时，采用 ISO 14064 标准的概率会变化多少。例如，ISO 14001 标准的边际效应暂估为 0.2，这表明如果取得 ISO 14001 标准认证，则打算采用 ISO 14064 标准的概率会提高 20%[①]。

利用估计出的参数，对于回答"正在讨论采用"（RES = 1）的企业中有多少企业打算采用（ISO 14064= 1），可以利用下式估计出来：

$$\mathrm{P}_r(ISO14064 = 1 \,\middle|\, RES = 1) = \frac{\mathrm{P}_r(RES = 1 \mid ISO14064 = 1)\,\mathrm{P}_r(ISO14064 = 1)}{\mathrm{P}_r(RES = 1)}$$

$$= \frac{\mathrm{P}_r(ISO14064 = 1)}{\mathrm{P}_r(RES = 1)} = \frac{G(\alpha, \beta, \gamma)}{G(\alpha, \beta, \gamma) + p(1 - G(\alpha, \beta, \gamma))}$$

式中，$G(\alpha, \beta, \gamma)$ 表示 $\Phi(\alpha ISO14001 + \beta ISO14001 \times TIME + x\gamma)$。

这一概率可以根据下式估计出来：

$$\frac{1}{N}\sum_{i=1}^{N}\left[\frac{G_i(\hat{\alpha}, \hat{\beta}, \hat{\gamma})}{G(\hat{\alpha}, \hat{\beta}, \hat{\gamma}) + \hat{p}(1 - G(\hat{\alpha}, \hat{\beta}, \hat{\gamma}))}\right]$$

---

① 当期限是 $TIME_0$ 的时候，ISO 14001 标准认证的取得对打算采用 ISO 14064 标准的概率产生的边际效应是 $E_x[\mathrm{P}_r(ISO14064 = 1|ISO14001 = 1, TIME_0, x) - \mathrm{P}_r(ISO14064 = 1|ISO14001 = 0, TIME_0, x)]$，可以根据 $\frac{1}{N}\sum_{i=1}^{N}[\Phi(\hat{\alpha} + \hat{\beta}TIME_0 + x_i\hat{\gamma}) - \Phi(x_i\hat{\gamma})]$ 估计出来（N 是企业数，$(\hat{\alpha}, \hat{\beta}, \hat{\gamma})$ 是参数的估计值）。

式中，$G_i(\alpha,\beta,\gamma)$ 表示 $\Phi(\alpha ISO14001_i + \beta ISO14001_i \times TIME_i + x_i\gamma)$，$N$ 表示企业数，$(\hat{\alpha},\hat{\beta},\hat{\gamma},\hat{p})$ 表示参数的估计值。

8.4.2　影响 ISO 14064 标准采用的其他因素

ISO 14001 标准认证的取得、取得 ISO 14001 标准认证以来的期限等各种因素可能影响 ISO 14064 标准的采用。以下简单说明本章考虑的其他因素，即前述模型中的 x 所包含的变量。如前所述，根据 ISO 14001 标准和 ISO 14064 标准的共同点，设想采用 ISO 14001 标准的几个因素也可能是 ISO 14064 标准是否被采用的决定性因素。因此，本章参考先行研究所阐明的 ISO 14001 标准采用的决定性因素，将其指定为 x 所包含的变量。

首先，企业规模可能影响 ISO 14064 标准的采用。一方面，采用 ISO 14064 标准需要一定量的劳动力和人力资本，企业规模小，可能无力采用该标准；另一方面，企业规模小，GHG 排放量的计算成本就相对变小，所以也有可能容易采用该标准。企业规模的两个效果相反，是带来正面影响还是带来负面影响，则需要实证研究的检验。本书中，为了把握企业规模，利用员工人数（的对数）来代表。

使企业消极对待 ISO 14064 标准的原因之一是固化的工作流程。一旦存在固化的工作流程，对于因引入新的管理实践而产生的工作流程的变化，就可能持保守态度。本章认为，企业成立年数越长的企业，越可能存在固化的工作流程，所以使用企业成立年数（的对数）这个代理变量。

企业拥有的经营部门的数量和场所可能与 ISO 14064 标准的采用相关。一方面，根据 ISO 14064 标准计算 GHG 排放量的工作随着经营部门的增加而愈加繁杂。因此，企业拥有的经营部门越多，对采用 ISO 14064 标准的态度可能越消极。因此，本章把经营部门数量（的对数）作为 x 的要素之一。但是，另一方面，如果企业在海外拥有经营部门，特别是在引入排放量交易制度的地区（例如欧盟和新西兰等）拥有经营部门，则对采用 ISO 14064 标准的态度可能变得积极。这起因于 ISO 14064 标准的特点之一，即"项目中立性（适用于现存的所有 GHG 项目）"。作为海外排放量交易制度的对象，经营部门的排放量数据要利用具有项目中立性的

ISO 14064标准创建，如果利用同样的标准计算国内排放量，排放量数据的加总就会变得容易。本章考虑了这种可能性，创建一个虚拟变量，即企业在引入排放量交易制度的地区拥有经营部门时取值为1，没有经营部门时取值为0，将其纳入 x。

如果在引入排放量交易制度的地区，客户要求提供更准确的排放量数据，则向该地区出口的企业对 ISO 14064标准的采用可能变得积极。为了把握这种可能性，当企业向引入排放量交易制度的地区出口时取值为1，创建一个虚拟变量，作为 x 的要素之一。

市场中企业的业绩也可能影响 ISO 14064标准的采用。市场领导者的环境意识越强，则越有可能积极考虑 ISO 14064标准的采用。为了把握这种可能性，当企业在同行业中年销售额占据首位的时候取值为1，创建一个虚拟变量，将其纳入 x。另外，也有人指出，在环境经营领域，"企业的财务业绩越好，对于采取环境保护措施越积极"，可以说该变量能部分地捕捉这样的影响[①]。

要求企业采取 GHG 减排措施的客户要求也可能促进 ISO 14064标准的采用。这与被称为绿色供应链管理（Green Supply Chain Management, GSCM）的理念有关。GSCM 是指针对与产品和服务相关的环境的影响，从供应链整体进行把握和管理的过程，供应链整体不仅包括本企业和集团企业，也包括供应商和物流企业。例如，前述的碳披露项目，不仅要求披露伴随该企业的经营活动产生的 GHG 排放量，而且追溯到上游企业，要求其披露排放量，为了满足上述要求，需要 GSCM。另外，要创建原材料采购和运输、流通、处理和循环利用、出差和通勤等本企业不能直接控制的、被纳入范围3的 GHG 排放量的计算基准，这也是对 GSCM 的关注度提高的原因之一。

要求企业采取 GHG 减排措施，是客户的 GSCM 实践之一。企业在接受该要求的时候，为了使 GHG 排放量的报告值得信赖，可能对采用

---

① 与此相反，也有人指出另一种可能性，即"对于采取环境保护措施越积极（或环境绩效越好）的企业，财务绩效越好"（例如，参见 Darnall 等，2007）。

ISO 14064 标准采取积极的态度[1]。同时，如果在要求采取的措施中包含采用 ISO 14064 标准，那么，为了满足要求，企业可能积极考虑采用该标准。为了把握这些可能性，根据调查中的回答，当过去 5 年有接受客户要求、采取措施来削减 GHG 排放量的情况时，取值为 1，创建一个虚拟变量，作为 x 的要素之一。

针对 GHG 减排所采取措施的背景也可能影响 ISO 14064 标准的采用。例如，当由于采取措施引起消费者的购买行为发生变化时，可能积极引进新的管理实践。另外，考虑引入国内排放量交易制度的可能性很高，针对 GHG 排放量削减采取措施的企业也可能通过从现在开始就使用具有项目中立性的 ISO 14064 标准，为将来做准备。本章分析各种措施的背景对 ISO 14064 标准的采用是否有影响：①日本经济团体联合会的环境自愿行动计划等行业协会的举措；②排放量交易的可能性；③利润；④技术变化；⑤消费者购买行为的变化；⑥能源价格。具体来说，就各项目对于针对 GHG 减排所采取的措施产生的影响而言，调查中回答"有很大影响"或"有影响"的时候取值为 1，回答"没有影响"的时候取值为 0，创建一个虚拟变量，作为 x 的要素之一。

环境规制也可能影响 ISO 14064 标准的采用。本章特别考察《合理利用能源相关法》（以下简称《节能法》）和东京都排放量交易制度。首先，《节能法》的适用对象是企业整体能源使用量以原油换算一年达到 1 500 升以上的企业，目标对象企业向国家申报，接受"特定运营商"的指定（特许连锁由总部接受"特定连锁化运营商"的指定）。这些企业有义务以企业为单位选任能源管理主管和能源管理计划发起人各一名，提出定期报告书和中长期计划书。此外，必须掌握企业整体一年的能源使

---

① 关于 GSCM 最近盛行的话题是，分析供应链内的环境措施要求与 EMS 的引进、ISO 14001 标准认证的取得之间的关联性。例如，Nishitani（2010）指出，取得 ISO 14001 标准认证的决定性因素有客户的环境意识，环境意识高的市场中的客户，对国内和海外的交易方都有可能要求取得 ISO14001 标准认证。Halkos 和 Evangelinos（2002）认为，作为引进 EMS 的决定性因素，要求改善环境绩效的压力增大，其压力源之一是客户。

用量[①]。

　　ISO 14064 标准是旨在计算企业整体排放量的标准。为了根据该标准进行计算，要对企业整体而非每个经营部门的能源使用量进行把握，这一点至关重要。企业如果成为《节能法》中的特定运营商或者特定连锁化运营商，就满足了引入 ISO 14064 标准的一项必要条件，这是因为需要把握企业整体的能源使用量。因此，特定运营商或特定连锁化运营商，与非特定运营商或非特定连锁化运营商相比，前者可能会更积极地引入 ISO 14064 标准。本章考虑了这种可能性，如果企业是《节能法》中的特定运营商或特定连锁化运营商，则取值为 1，创建一个虚拟变量，作为 x 的要素之一。

　　另外，如果企业拥有东京都排放量交易制度的目标设施，则可能会积极采用 ISO 14064 标准。该制度以实现东京都内二氧化碳总量的削减为最大目标（东京都环境局，2011），规定对于大型经营部门（能源使用量以原油换算一年在 1 500 升以上的经营部门），相对于适用过去基准的二氧化碳排放量，有义务在计划期间削减一定水平以上的排放量。如果实现不了，排放权可以在经营部门之间交易，如果还实现不了，则给予处罚。另外，每年度需要报告上年度的 GHG 排放量[②]。因此，关于 ISO 14064 标准的采用，东京都排放量交易制度可能具有与《节能法》一样的影响。但是，《节能法》是针对企业整体的，而东京都排放量交易制度的适用对象仅限于东京都内的企业，所以可以估计其对 ISO 14064 标准采用的影响较小。为了调查这样的影响是否存在，本章创建一个虚拟变量并将其加入模型，即如果企业拥有东京都排放量交易制度的目标设施，则取值为 1。

　　最后，企业的产品和服务的类型也可能与 ISO 14064 标准的采用有关，所以为了控制这个影响，如果企业的主要产品和服务是最终产品和服务，则取值为 1，创建一个虚拟变量，也作为 x 的要素之一。

---

　　① 　另外，如果使用量在 1 500 升以上，需要向经济产业局申报。如果不申报或虚假申报，课以 50 万日元以下的罚金。

　　② 　此时，需要接受登记在册认证机构的认证。

综上所述，进入 x 的变量如下：

- 员工人数（的对数）
- 企业成立年数（的对数）
- 经营部门数量（的对数）
- 在引入排放量交易制度的地区有经营部门虚拟变量
- 向引入排放量交易制度的地区出口虚拟变量
- 销售额占据首位虚拟变量
- 客户要求采取GHG减排措施虚拟变量
- 行业协会举措的影响虚拟变量
- 排放量交易可能性的影响虚拟变量
- 利润的影响虚拟变量
- 技术变化的影响虚拟变量
- 消费者购买行为变化的影响虚拟变量
- 能源价格的影响虚拟变量
- 《节能法》虚拟变量
- 东京都排放量交易制度虚拟变量
- 最终产品和服务虚拟变量
- 制造业虚拟变量

8.5　数据

本章所用资料来源于企业调查，企业调查是日本环境部项目"环境经济的政策研究"的立项课题——"关于国际排放量交易的国际接轨带来的经济影响研究：基于应用一般均衡分析方法"——的一部分。调查设计及样本特点在第5章中已做说明，可资参考。前一节所说明的变量，除了员工人数、企业成立年数、经营部门数量和销售额首位虚拟变量以外，其他所有变量根据调查的回答创建。关于员工人数、企业成立年数、经营部门数量和销售额占据首位虚拟变量四个变量，以购自民间商务调查公司的数据为基础。

在 ISO 14064 标准方面，调查中提问"采用 ISO 14064 标准的目标是为二氧化碳等 GHG 排放量的报告和认证提供可靠保证，请回答贵公司目前关于 ISO 14064 标准采用的现状"。回答是选择式的，有 4 个选项，即"确实采用""正在讨论采用""不打算采用""不知道"。对调查做出回答的有579 家公司，回答"确实采用"的企业有 2 家（0.35%），回答"正在讨论采用"的企业有 84 家（14.51%），回答"不打算采用"的企业有 375 家（64.77%），回答"不知道"的企业有 99 家（17.1%），未回答的企业有 19家（3.28%）。半数以上的企业回答"不打算采用"，理由之一是，认为ISO 14064 标准是新标准。此外，回答"不知道"的企业将近 20%，原因相同。本章的模型估计使用的样本中，剔除回答"不知道"的企业以及未回答关于本章所使用变量问题的企业，共有 415 家公司。由于剔除回答"不知道"的企业，因此可能产生样本选择偏差问题。关于所考虑偏差的方向，在第 8.7 节中会提到。

在这 415 家公司中，回答"确实采用"的企业有 2 家（0.48%），回答"正在讨论采用"的企业有 78 家（18.8%），回答"不打算采用"的企业有 335 家（80.72%）。因为回答"确实采用"的企业在使用的样本中占比很小，所以把在分析时回答"确实采用"的企业纳入回答"正在讨论采用"的企业。这是在第 4.1 节中说明的 RES 变量。

表 8-1 表示的是企业关于 ISO 14064 标准采用的现状和 ISO 14001 标准认证是否取得（即 RES 变量和 ISO 14001 变量）之间的关系。正在讨论采用的概率在未取得 ISO 14001 标准的情况下是 9.7%，而在取得 ISO 14001标准的情况下是 21.3%。从表 8-1 可以看出，取得 ISO 14001 标准认证的企业更倾向于讨论采用。以取得 ISO 14001 标准认证（ISO 14001=1）为条件，企业关于 ISO 14064 标准采用的现状和认证取得后的期限（即 RES 变量和 ISO 14001 × TIME 变量）的关系见表 8-2。

讨论采用的概率在一开始（TIME=0）是 0，从第 1 年到第 5 年是 0.11，从第 6 年到第 10 年是 0.13，在 11 年以上是 0.35。随着期限的增加，讨论采用的概率有增加的趋势。从这些描述性统计可以看出，ISO 14001 标准认证是否取得与企业关于 ISO 14064 标准采用的现状有关，这种关系取决于

表 8-1 ISO 14001 标准认证的取得与 ISO 14064 的现状

	不打算采用 （RES=0）	正在讨论采用 （RES=1）	Pr（RES=1|ISO 14001）
未取得 （ISO 14001=0）	65 （15.66）	7 （1.69）	0.097
取得 （ISO 14001=1）	270 （65.06）	73 （17.59）	0.213

注：本表表示的是估计中使用的全部 415 家企业的情况。

上一行：企业数；下一行：%。

表 8-2 ISO 14001 标准认证取得后的期限与 ISO 14064 的现状

期限	不打算采用 （RES=0）	正在讨论是否采用 （RES=1）	Pr（RES=1| ISO 14001=1，TIME）
0	3	0	0
1~5 年	34	4	0.105
6~10 年	143	21	0.128
11 年以上	90	48	0.348

注：本表表示的是估计中使用的全部 415 家企业中取得 ISO 14001 标准认证的 343 家企业的情况。

期限。在下一节中，在控制各种因素的基础上，考察 ISO 14001 标准和 ISO 14064 标准之间是否存在这样的关系。

8.6 估计结果

表 8-3 表示的是第 8.4 节说明的模型的系数估计值和各变量的边际效应。首先，说明取得 ISO 14001 标准认证的效果。

表 8-3   估计结果

	（1）	（2）
	系数	边际效应
取得 ISO 14001 标准认证	−1.431（0.554）***	参见图 8-1
取得 ISO 14001 标准认证×期限	0.126（0.049）**	参见图 8-1
员工人数（的对数）	0.106（0.103）	0.019（0.018）
企业成立年数（的对数）	−0.112（0.063）*	−0.020（0.011）*
经营部门数量（的对数）	−0.061（0.083）	−0.011（0.015）
在引入排放量交易制度的地区有经营部门	0.643（0.230）***	0.128（0.050）***
向引入排放量交易制度的地区出口	−0.584（0.271）**	−0.097（0.040）**
销售额占据首位	0.381（0.236）	0.072（0.048）
客户要求采取 GHG 减排措施	0.523（0.217）**	0.096（0.040）**
行业协会举措的影响	0.261（0.356）	0.043（0.055）
排放量交易可能性的影响	0.088（0.260）	0.015（0.044）
利润的影响	0.031（0.364）	0.005（0.063）
技术变化的影响	0.151（0.564）	0.025（0.091）
消费者购买行为的影响	1.440（0.519）***	0.167（0.033）***
能源价格的影响	0.353（0.568）	0.056（0.081）
《节能法》	0.877（0.380）**	0.132（0.045）***
东京都排放量交易制度	0.101（0.228）	0.018（0.042）
最终产品和服务	0.066（0.221）	0.012（0.038）
制造业	0.193（0.247）	0.034（0.043）
p	0.022（0.013）*	
对数似然	−152.704	

注：$N=415$。括号内的数字表示稳健标准误差。***、**、*分别表示 1%、5%、10% 的显著性水平上显著。常数项（标准误差）是 −4.044（1.078）。边际效应的标准误差利用德尔塔法计算得出。

取得 ISO 14001 标准认证这一虚拟变量（*ISO* 14001）的系数估计值为负，在 1% 的显著性水平上显著，取得 ISO 14001 标准认证和期限的交叉项（*ISO* 14001 × *TIME*）的系数估计值为正，在 5% 的显著性水平上显著。该结果表明，在控制了各种因素的基础上，ISO 14001 标准和 ISO 14064 标准之间有关，并且关系依赖于取得 ISO 14001 标准后的期限。

图 8-1 描绘的是 ISO 14001 标准标准的边际效应和期限之间的关系。估计结果表明，在 ISO 14001 标准认证取得当年（即 *TIME*=0），与未取得的情况相比，打算采用 ISO 14064 标准的概率降低了 17%。该结果被认为是 "取得疲劳" 的反映，可以认为，要取得 ISO 14001 标准认证，包括 EMS 的构建、必要文件的拟订和员工的意识改变等各种各样的事情，准备一年或一年以上也不稀奇。因此，准备采用新的管理实践的动机在取得认证后也许会有降低的趋势。可以说，本章得到的结果与这种可能性恰好吻合。

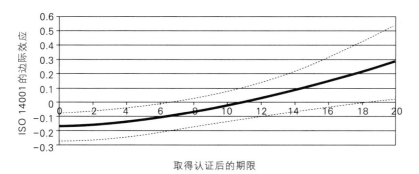

图 8-1　ISO 14001 的边际效应

注：虚线表示 95% 的置信区间。

从 *ISO* 14001 × *TIME* 的系数符号为正可以看出，随着取得期限的推移，ISO 14001 标准的边际效应逐渐增大。具体来说，如图 8-1 所示，取得 ISO 14001 标准认证对 ISO 14064 标准采用带来的影响一直到取得 ISO 14001 标准后的第 10 年都是负面影响，第 11 年以后转为正面影响。在取得认证后的第 15 年，打算采用 ISO 14064 标准的概率为 11%，在第 20 年则高达 27%。这些结果表明，取得 ISO 14001 标准认证可以促使企业对采用新的管理实践持积极态度，不过在这种效果出现之前要花费很长时间。

接下来阐明除了取得 ISO 14001 标准认证和取得期限以外在统计上显著的因素。估计结果表明，企业成立年数越短，在引入排放量交易制度的地区拥有的经营部门越多，作为减排动机认为消费者购买行为越重要，则对 ISO 14064 标准的采用越积极。具体估计结果是，企业成立年数每减少 1%，打算采用 ISO 14064 标准的概率上升 2%；在引入排放量交易制度的地区有经营部门，打算采用 ISO 14064 标准的概率上升 13%；作为减排动机认为消费者购买行为重要，打算采用 ISO 14064 标准的概率上升 17%（参见表 8-3 第（2）列）。另外，如果接受客户提出的采取 GHG 减排措施的要求，打算采用 ISO 14064 标准的概率上升 10%。这个结果意味着，客户（下游企业）的 GSCM 实践对企业（上游企业）针对环境采取的措施产生影响。

成为《节能法》中的特定运营商或特定连锁化运营商也是使其对采用 ISO 14064 标准持积极态度的原因之一（边际效应是 13%）。这个结果被认为是考虑在政策上推进 ISO 14064 标准采用的关键。关于这一点，将在下一节说明。

如果向引入排放量交易制度的地区出口，与没有向这些地区出口的情况相比，得出的结论是对 ISO 14064 标准的采用持消极态度（边际效应是 -10%）。正如第 8.4 节中说明的那样，如果引入排放量交易制度地区的客户要求提供更准确的排放量数据，那么，为了满足这个要求，企业会对采用 ISO 14064 标准持积极态度，所以这里得到的结果与直觉不符。得到该结果的可能解释之一是，如果现在没有向引入排放量交易制度地区出口的企业考虑向这些地区出口，为了有别于已经出口的企业，可能会对 ISO 14064 标准的采用持更积极的态度。

模型的一个参数 p 的估计值为 0.02。这意味着，"企业最终不打算采用、因为讨论开始晚了、在调查时没有得出结论的概率"约为 2%。另外，利用第 4.1 节说明的方法，回答"正在讨论采用"的企业中有多大比例的企业最终打算采用，估计的结果是 63.7%。这意味着，样本中 12.3% 的企业将来打算采用 ISO 14064 标准。因此，本章的结果表明，虽然 ISO 14064

标准不如 ISO 14001 标准那样普及，但在一定水平上得到普及[①]。

8.7 结语

本章使用以日本国内上市企业为调查对象的数据，分析了打算采用 ISO 14064 标准的决定性因素。可以说，本章的结果为取得 ISO 14001 标准认证的影响提供了新的证据。到现在为止的先行研究，围绕 ISO 14001 标准认证的取得对改善环境绩效是否有效进行了分析，而本章以 ISO 14064 标准为焦点，分析了取得 ISO 14001 标准认证对采用新的管理实践是否有促进效果。由此得出，ISO 14001 标准认证的取得和 ISO 14064 标准的采用之间的关系依赖于取得 ISO 14001 标准认证后的期限，认证取得的效果在取得认证后的 10 年内为负，此后为正。

另外，一方面，以下因素使企业对采用 ISO 14064 标准持积极态度：在引入排放量交易制度的地区有经营部门；作为减排动机考虑到消费者购买行为很重要；接受客户提出的采取 GHG 减排措施的要求；成为《节能法》中的特定运营商或特定连锁化运营商。另一方面，以下因素对 ISO 14064 标准的采用产生负面影响：企业成立年数；向引入排放量交易制度的地区出口。

根据本章的分析结果，提出两个政策性建议：一是与《节能法》有关；二是与 ISO 14001 标准有关。首先说明与《节能法》有关的政策性建议。根据分析结果，企业成为《节能法》中的特定运营商或特定连锁化运营商，倾向于打算采用 ISO 14064 标准，这是因为《节能法》的目标运营商已经满足"从企业整体把握能源使用量"这一引入 ISO 14064 标准的条件。因此，如果要推进 ISO 14064 标准的采用，变更《节能法》中的目标对象是一项可以考虑的政策。具体来说，现在的目标对象是"企业整体能源使用量以原油换算一年在 1 500 升以上的企业"，可以设定少于 1 500 升

---

① 这个预测只是短期的。从长期来看，与这里给出的预测相比，可能有更多的企业采用该标准。

的能源使用量作为阈值，这样将会有更多的企业成为《节能法》的
对象。

其次是与 ISO 14001 标准有关的政策性建议。如果用上市企业的数据
确认的倾向在非上市企业特别是中小企业也存在，那么，许多地方自治
体进行的支持中小企业取得 ISO 14001 标准认证的项目可能会在短期内推迟
在中小企业间普及 ISO 14064 标准。为解决该问题，地方自治体在对 ISO
14001 标准认证的取得提供支持的情况下，同时为促进 ISO 14064 标准的
采用提供支持（例如津贴等）。

根据本章所使用的数据直接得到的政策性建议是 ISO 14064 标准的认
知度方面的内容。对调查做出回答的上市企业中约有 20% 回答"不知道
ISO 14064 标准"，可以预计中小企业中有更大比例的企业"不知道 ISO
14064 标准"。因此，为了推进标准的采用，首先需要通过宣传等方式提
高认知度。

最后说明对本章结果的注意点。本章的分析结果仅以"知道 ISO
14064 标准"的企业数据为依据，所以有可能产生样本选择偏差[①]。关于
因为从样本中剔除了"不知道 ISO 14064 标准"的企业而引起估计值偏差，
这里从取得 ISO 14001 标准认证和《节能法》两个政策上的重要因素进行
讨论。首先，关于取得 ISO 14001 标准认证虚拟变量的估计值，假如"知
道 ISO 14064 标准"的企业有取得 ISO 14001 标准认证的倾向，则可以认为
将会向上偏移。另外，如果"知道 ISO 14064 标准"的企业有早期取得
ISO 14001 标准认证的倾向，那么，取得 ISO 14001 标准认证虚拟变量与期
限的交叉项系数的估计值也会向上偏移。由此可以看出，要使取得 ISO
14001 标准认证对采用 ISO 14064 标准的影响真正转为正面影响，需要花
费比本章估计的 11 年更长的时间。其次，关于《节能法》虚拟变量的系
数的估计值，如果《节能法》中的特定运营商或特定连锁化运营商有"知

[①]　要处理样本选择偏差，可以考虑将知道 ISO 14064 标准和不知道 ISO 14064 标准模型化。
本章也尝试进行模型化，由于说明知道 ISO 14064 标准和不知道 ISO 14064 标准的主要原因几乎
不存在，所以不能以正式的形式处理选择偏差。

道 ISO 14064标准"的倾向，则可以认为《节能法》虚拟变量的系数的估计值会向上偏移。因此，必须留意，《节能法》对 ISO 14064标准的采用实际带来的影响可能比本章估计的要小。

第 III 部分

家庭节能行动的经济分析

[第9章]
家庭节能行动的实际情况：来自草加市的问卷调查
岩田和之、有村俊秀、片山东、浜本光绍、作道真理

9.1 引言

2009年11月，日本发布减排的中长期目标，计划到2020年温室气体（greenhouse gas，GHG）的排放量比1990年削减25%，到2050年削减80%。与以前相比，这次的目标大幅提升，为了达成目标，必须要引入更多的对策。再加上众所周知的东日本大地震导致二氧化碳（CO_2）排放量较少的核电站被停止运行，为了弥补由此带来的供电不足，必然使得对火力发电的依赖度增加。因此，仅靠现在的GHG抑制政策，确实无法实现中长期目标。

根据日本国立环境研究所温室气体清单办公室（GIO）发布的数据，1990年日本的GHG排放量大约为11.4亿吨CO_2，与之相比，2010年12月末公布的2009年GHG排放量大约是11.4亿吨CO_2。因此，与经常被印证的1990年比较，GHG几乎没有得到抑制，《京都议定书》中约定的比1990年减排6%的事项也难以实现（如图9-1所示）。

为了看看主要是哪些部门难以实现目标，将1990年标准化为100，绘制了分部门的排放量变化率，如图9-2所示。从图中可以看出，产业部门、运输部门处于缓慢减少的趋势，而民生（家庭和业务）部门的GHG排放量则大幅增加。

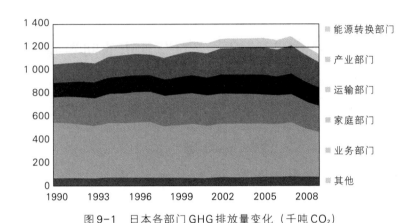

图 9-1　日本各部门 GHG 排放量变化（千吨 CO_2）

注：这里的各部门排放量是间接排放量。

资料来源：根据 GIO 数据库（http：//www-gio.nies.go.jp/index-j.html），作者制图。

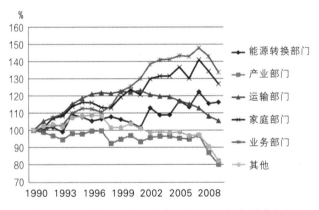

图 9-2　各部门 GHG 变化率（以 1990 年为基准年）

注：这里的各部门排放量变化率是以间接排放量为基础的。

资料来源：根据 GIO 数据库，作者制图。

　　由于以工厂、大规模企业、运输从业人员为对象的《合理利用能源相关法》（《节能法》）[①] 及日本经济团体联合会的环境自愿行动计划等取得

―――――――――――――

[①]　关于《节能法》的 CO_2 削减效果的定量评价，参见有村和岩田（2008）。

了一定的效果①，产业部门、运输部门的GHG排放量缓慢减少。与之相对的是，家庭部门、业务部门的GHG排放量与1990年相比处于增加趋势。但是，近年来，针对业务部门的措施正在被加速推进。例如，2008年修订的《节能法》要求，建筑物必须采取节能措施；再如，2006年制定的《全球气候变暖对策推进法》（《温对法》）要求，私营企业必须披露GHG排放的相关信息等。考虑到这一点，我们认为，今后业务部门的GHG减排行动将会取得更大进展。

尽管产业部门、业务部门到目前为止采取了各种各样的促进GHG减排的措施，但就家庭部门而言，尚未采取有效的对策。因此，需要引入针对家庭部门的有效的GHG抑制政策。

比较各个部门的GHG排放基本单位②，可以发现什么？图9-3表示了排放量在各部门的基本单位（把1990年标准化为100）的变化。制造业（产业部门）和业务部门的基本单位来自日本资源能源厅（2010），家庭部门的基本单位是用家庭排放量除以国内总家庭数。

一方面，2009年的制造业（产业部门）排放量比1990年减少了20%（如图9-2所示），而从基本单位来看，1990年和2008年的基本单位几乎相同（如图9-3所示）。由此可知，近年来，基本单位持续改善，节能在不断推进。

另一方面，家庭部门和业务部门的基本单位与1990年相比却恶化了。虽然可能因受到酷暑或严寒等气候影响导致波动较大，但家庭部门的基本单位比业务部门更为恶化。因此，从基本单位的角度考虑全球气候变暖对策，有必要针对家庭部门引入有效的措施。

目前，在日本家庭中实行的GHG抑制政策有节能机器普及政策和节能行动政策。具体措施有：对购买、持有节能家用车的成本的一部分进行

---

① 关于该计划的CO_2削减效果，日本经济团体联合会每年定期跟踪，最新版参见日本经济团体联合会（2010）。

② 制造业的基本单位是用能源消耗量除以制造业生产指数，业务部门的基本单位是用能源消耗量除以占地面积。

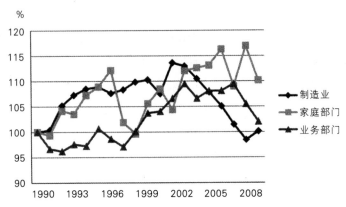

图9-3　各部门GHG消耗基本单位的变化（以1990年为基准年）

注：这里的各部门排放量变化率是以间接排放量为基础的。

资料来源：家庭部门的数据由作者根据GIO数据库和日本劳动卫生福利部"国民生活基础调查"制图；制造业和业务部门的数据引自资源能源厅（2010）。

补助与减税的节能汽车补贴和减税制度（藤原，2011）；于2011年5月终止的对节能家电的购买费用给予部分补助的绿色家电普及促进事业（节能积分制度）[1]等。这些制度很多与家庭的可支配收入直接关联，可以说家喻户晓。

　　分析电器购买行为的有O'Doherty等（2008）、Leahy和Lyon（2010）等。根据他们的研究，家庭的位置、收入、职业、家庭人数等会给节能机器的购买行为带来影响。

　　节能行动政策不采用节能机器普及政策中经常使用的资金补助，而是采取像"调高冷气设定温度""调低暖气设定温度"即"凉快办公""温暖办公"之类的措施，这些政策诉诸人性化方面的内容较多，其作为应对气候变暖的对策能起到多大的作用，仍值得怀疑。另外，与节能机器的购买行为不同，从经济学角度分析节能行动的研究较少[2]，仅有Larsen和Nesbakken（2004）、Druckman和Jackson（2008）等运用电力使用量，对其

①　关于制度详情，参见绿色家电节能积分事务局网站首页（http://eco-points.jp/）。
②　从心理学角度进行的分析有Carrico和Riemer（2011）等。

进行了分析。

因此，目前节能机器普及政策在针对家庭的GHG排放量抑制对策中发挥核心作用。但是，即使节能效率高的机器得到普及，如果使用机器的人数增加或者使用频率增加，排放量反而有增加的可能性（反弹效应）。这说明，为抑制家庭部门的GHG排放，在普及节能机器的同时，也有必要推进节能行动。

因此，本章聚焦于家庭节能行动，通过问卷调查，使其实际情况明朗化。也就是说，在掌握家庭节能行动的实际情况的基础上，探讨需要引入什么样的政策才能推进家庭节能行动，从而提出政策性建议，正是本章的写作目的所在。

第9.2节说明问卷调查的概要；第9.3节介绍问卷调查结果；第9.4节考察根据问卷调查结果得到的政策性建议；第9.5节是结语。

9.2　问卷调查的概要

为掌握家庭节能行动的实际情况，从2010年1月7日到2月7日，在琦玉县草加市进行了问卷调查。该市位于琦玉县东南部，与东京都足立区相邻（如图9-4所示）。2007年，草加市的人口大约是24万人，人口密度大约是每公顷86人（可居住面积）。在日本的全部自治体中，其人口总量排名为第112位，人口密度排名为第51位，作为首都圈的郊外住宅区，可以说是城市化程度较高的郊区。

问卷调查对象是定居在草加市的包括单人家庭在内的一般家庭的户主或者家庭主事人。从该市的全部家庭中，运用两阶段随机抽样，抽出1 200个家庭，发放调查表，最终得到其中714个家庭的回答（有效回复率为59.5%）。

两阶段随机抽样法的详情如下：首先，从位于草加市内的人口普查区中，以家庭数为依据，等距离确定60个地点；然后，在各地点中，从住宅地图中选定20个家庭，另加上10个家庭作为备选。于是，调查对象是60个地点×20个家庭/地点，共1 200个家庭。

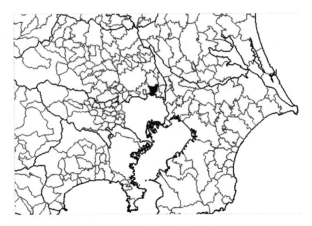

图9-4　埼玉县草加市的位置

资料来源：作者制图。

　　调查表按照以下方法进行发放：首先，调查人员拜访作为调查对象的家庭，发放协助调查委托书；日后，调查人员再次拜访调查家庭，口头说明调查表的内容后，将调查表交给家庭；改日，调查人员第三次拜访调查家庭，取回调查表，赠送礼物。这样一来，由于调查人员前后三次拜访，还赠送了礼物，有效回答率高达59.5%。

　　由于调查仅在埼玉县草加市开展，与全国范围内进行的全国消费情况调查或者人口普查性质不同。因此，本章得到的结论及由此提出的建议，不一定与全国范围内的情况一致，这一点需要留意。但是，由于埼玉县草加市位于拥有日本全国人口的25%的首都圈，虽然说只是在草加市开展的调查，但在研究怎样推进节能行动的政策方面，可以带来一些有益的参考。

9.3　问卷调查的结果

9.3.1　关于本次调查的样本

　　在本次调查中，向1 200个家庭发放了调查表，其中59.5%的家庭即714个家庭给出了回答。这里，首先看看给出回答的714个家庭和日本整体的分布和属性是否有所不同。图9-5用本次调查和2004年全国消费情况调查①的数据绘制收入的柱状图。图9-5中，本次调查的样本规模变成613个，这是因为有101个家庭没有回答收入相关问题。

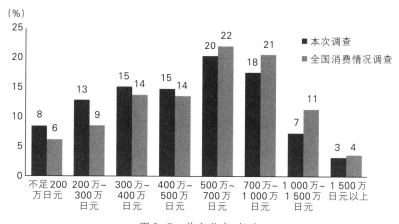

图9-5　收入分布（%）

注：本次调查的样本数：613；全部消费情况调查：58 048。

资料来源：根据本次调查和2004年全国消费情况调查，作者制图。

通过比较两种收入分布可以看出，本次调查的收入分布的最高点比全国消费情况调查的最高点略微偏左。针对两种分布是否有差异的独立性检验，结果显示有1%的差异。不过，需要注意的是，这两项调查都不是精确的收入水平，而是一定范围内的数据。

然后，和收入一样，图9-6比较了本次调查和2005年人口普查的回答者的年龄层。图9-6只列出20岁以上的回答者，在本调查中未满20岁的只有1个样本（19岁）。

①　该调查每5年进行一次，以掌握日本全国性的家庭收入、支出、资产及家庭消费的实际情况为目的。

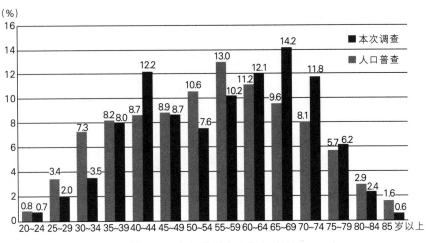

图9-6　各年龄层人口分布（%）

注：本次调查的样本数：713；2015年人口普查的样本数：567 991。

资料来源：根据本次调查和2005年人口普查，作者制图。

　　从图9-6可看出，本次调查中，来自50～59岁年龄层的回答变少。这表明，来自年富力强的高收入年龄层的回答变少，我们认为图9-5显示的本次调查结果偏向低收入层正是缘于上述情况。对年龄层的分布进行独立性检验，结果显示，两次调查的分布有1%的差异。

　　图9-7表示本次调查和2005年人口普查的家庭住宅形态的比例。本次调查中，近八成的回答者居住在自己拥有的独栋房屋中；人口普查中，在自己拥有的独栋房屋中居住的家庭占到半数以上。另外，在人口普查中，在租赁公寓等集体住宅中居住的家庭比例较高。对住宅形态进行独立性检验，同样显示，人口普查和本次调查的分布有1%的差异。

　　本次调查中，95%是已婚（包括离婚、丧偶）家庭，未婚家庭不到5%；根据人口普查，20岁以上的成年人中，大约77%是已婚者（包括离婚、丧偶），未婚者占23%。因此可以说，本次调查中来自单人家庭的回答变少。考虑到大多数单人家庭住在出租公寓中，推测本次调查的样本里居住在出租公寓的比例变少是因为本次调查中来自单人家庭的回答变少。

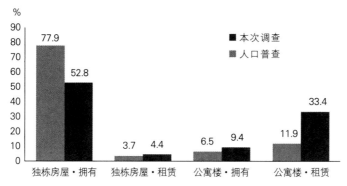

图 9-7 各住宅形态的家庭分布（%）

注：本次调查的样本数：712；2015年人口普查的样本数：48 086 949。

资料来源：根据本次调查和2005年人口普查，作者制图。

从本次调查和全国范围内的调查相比可见，本次调查中，户主为50～59岁的家庭、户主是未婚的单人家庭给出的回答变少了。据推测，由于本次调查是在调查人员拜访后才发放调查表的，所以来自单人家庭的回答变少。这样一来，由于本次调查和全国调查相比存在着分布差异，所以本次调查的结果很难被用于解释日本全国范围内的情况。因此，关于本次调查的结果，有必要附上"仅限草加市"这一限定条件。

9.3.2 环保意识

现在来介绍对调查给出回答的家庭的节能意识、节能行动的实际情况。首先，就家庭在多大程度上关心全球气候变暖问题进行调研。在调查中，为了掌握关心的程度而提出的问题是"你在多大程度上关心全球气候变暖问题"。选项有"非常关心""一定程度的关心""不太关心""完全不关心"四个。图9-8显示了回答结果。

对回答"非常关心"和"一定程度的关心"这两个同属于关心全球气候变暖的选项的家庭比例进行汇总可见，九成家庭关心全球气候变暖问题。回答"完全不关心"的家庭只有1%左右，可以认为，大部分家庭关心今后的全球气候变暖问题的解决动向。

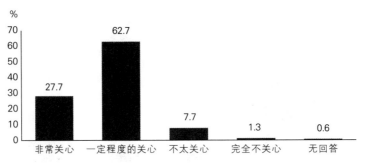

图9-8　对全球气候变暖问题的关系度（%）

注：样本数：714。

资料来源：根据调查，作者制图。

接着，对"你认为，一般家庭和产业界何者应该率先采取行动防止全球气候变暖呢"这一问题进行调查。其结果如图9-9所示。由图可知，认为应由一般家庭或者产业界中单个经济主体采取行动防止全球气候变暖的回答较少，大部分家庭认为两者都应该采取行动。另外，回答"没有必要采取行动"的家庭仅为1%左右。

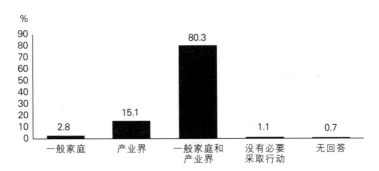

图9-9　防止全球气候率先采取对策的经济主体（%）

注：样本数：714。

资料来源：根据调查，作者制图。

为了掌握家庭在日常生活节约中在多大程度上关心煤电费的节约，提问如下："在家庭中采取节约行动的项目有几个？假设你采取了节约行动，节约电费、燃气费以及煤油费（煤电费）在以下项目中排在第几位？"项目包括"伙食费""水费""交通、通信费""物业费""医疗、卫生费""交际费""电费、燃气费及煤油费""文化娱乐费""教育费"九类。

图 9-10 表示 9 个项目中 714 个家庭节约电、燃气、煤油等煤电费的优先顺序分布。九个项目中节约煤电费的优先顺序排在第 1 位到第 3 位的家庭约占整体的四分之三。因此，大多数家庭在考虑节约时会优先考虑节约煤电费。

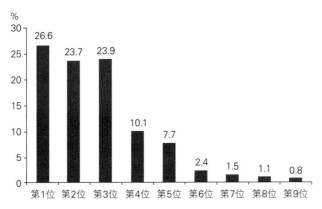

图 9-10 节约煤电费（电、燃气、煤油）的优先顺序

资料来源：根据调查，作者制图。

从上述的家庭对环保意识的回答可以清晰看出，家庭关心全球气候变暖问题，也感觉到有必要从自身做起采取行动对策。另外，大多数家庭在家庭支出项目中采取节约行动时，回答会考虑节约煤电费。因此，在考虑针对家庭的 GHG 抑制政策时，可以说与节约煤电费相关的政策即推进节能行动的政策是有效的。

9.3.3　节能行动的现状

接下来看看与家庭节能行动的实际情况有关的统计结果。调查中，调查人员出示了家庭中简便易行的 14 个节能行动，分别就这些行动询问了各个家庭的实施情况。关于这些节能行动的选择，参考了节能中心（EC-

CJ，2010）。表9-1列示了ECCJ（2010）中介绍的范例中各项节能行动、这些行动持续实施一年的节约金额以及相应的CO_2削减量。

表9-1　　　各项节能行动的全年节约金额以及相应的CO_2削减量

家电产品	节能项目	节约费用（日元）	CO_2削减量（kg）
空调	夏季温度设定在28度	670	13.7
	冬季温度设定在20度	1 170	24.0
	不使用的时候关掉	655	13.5
	清洁滤网	700	14.5
暖风机	冬季温度设定在20度	870	22.0
	不使用的时候关掉	1 675	36.0
电热毯	温度调节	4 090	40.7
电视	不看时关掉	985	20.3
冰箱	温度调节、清洁除霜	1 160	24.0
	在安装时与墙壁间留有空隙	990	20.4
电水壶	不用时拔掉插头	2 360	48.7
热水器	洗衣服时将温度设定调低	1 360	20.0
	家人不间断洗澡	5 920	87.0
	不让淋浴器一直喷水	2 980	29.1

　　注：14个节能行动同时进行的话，全年共节约25 585日元的煤电费。2010年日本全国消费情况调查中的家庭月均煤电费换算成全年数据的话（乘以12倍），为196 092日元，25 585日元约为196 092日元的13%。

　　资料来源：根据ECCJ（2010），作者制表。

　　这14个节能行动项目中，节约金额最高的是"家人不间断地洗澡"这项节能行动。也就是说，"因为家人一个接一个地洗澡，就无须利用燃气（电）重新加热洗澡水"，这样最能节约煤电费。而将空调"夏季温度设定在28度"、电视"不看时关掉"等平时耳熟能详的节能行动，与热水器、电水壶相关的节能行动相比，节约的金额较低。而且，由于节约的电费和CO_2削减量成正比，空调、电视的节能行动带来的CO_2削减量也少一些。

但是，表9-1显示的节约金额和CO_2削减量是就家庭环境、室外气温等自然环境进行假设后计算出的，因此有必要注意一点。例如，经常看到的"夏天的冷气房温度设定在28度"的节能行动，其节约的电费是在"室外温度为31度，空调（2.2kW）的设定温度在27~28度、每天使用9小时空调"这样的假设下估算出来的。因此，有必要注意的是，并非所有家庭的节约金额都如表9-1所示。

对于家庭在何种程度上采取了这些节能行动的问题的回答结果如图9-11所示。关于实施情况，选项有"经常行动""不怎么行动""完全不行动"三个。

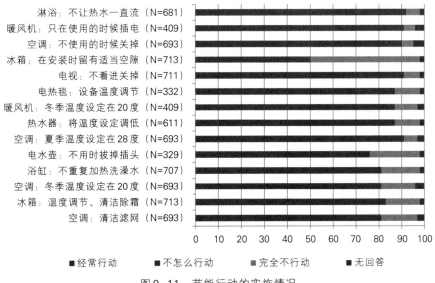

图9-11 节能行动的实施情况

资料来源：根据调查，作者制图。

但是，能实施"电水壶不用时拔掉插头"这项节能行动的家庭，仅限于拥有电水壶的家庭。因此，对于没有电水壶的家庭，则无法调查该节能行动的实施情况。同样，电热毯的相关节能行动也是如此。由于家庭的电器拥有情况存在差异，因而图9-11中各项节能行动的回答数量（N：仅限拥有相应电器的家庭回答）存在差异。另外，"冰箱在安装时与墙壁间留有适当空隙"这项节能行动，只考虑了"留有空隙""未留有空隙"两个选项，排除了"不怎么行动"这一选项。

调查显示的节能行动中，过半数的家庭实施了"不让热水一直流""暖风机只在使用的时候插电""空调在不使用的时候关掉""冰箱在安装时与墙壁间留有适当空隙""电视在不看时关掉"五项行动。而实施率较低的行动有"打扫空调过滤器""冰箱温度调节、清洁除霜""空调的冬季温度设定在20度""不重复加热洗澡水（不间断洗澡）""拔掉电水壶插头"。

比较实施率较高的行动和较低的行动，可以发现，诸如开关的开闭之类越容易切身感受到节约的节能行动，实施率越高。而清洁空调滤网、冰箱清洁除霜等行动则难以令人切身感受到与节能的关联性。

9.4 促进节能行动

首先比较实际节能行动的实施率和ECCJ（2010）介绍的节约金额。表9-2是按表9-1的全年节约金额升序排列所列示的节能行动。表中列示的实施率顺序即为图9-11中呈现的实施率顺序。

从表9-2可见，全年节约金额和实施率顺序的相关度不高。其相关系数经计算仅为0.006。例如"空调在不使用的时候关掉"这项行动，虽然其全年的节约金额只有655日元，实际的实施率却排名第3位，表明大多数家庭在实施。而"不重复加热洗澡水"这项行动是全年节约金额最高的，但实施率仅排在第11位。

这里假设上述节能行动所需的时间（机会成本）是相等的。也就是说，不管采取怎样的节能行动，都认为花费了同样的时间。如果家庭完全掌握了各项节能行动所节约的金额，那么节能行动的实施率和实际节约金

表 9-2　　　　　各项节能行动的全年节约金额和实际实施率

	节约金额（日元）	实施率顺序
空调：不使用的时候关掉	655	3
空调：夏季温度设定在 28 度	670	9
空调：清洁滤网	700	14
暖风机：冬季温度设定在 20 度	870	7
电视：不看时关掉	985	5
冰箱：在安装时留有适当空隙	990	4
冰箱：温度调节、清洁除霜	1 160	13
空调：冬季温度设定在 20 度	1 170	12
热水器：将温度设定调低	1 360	8
暖风机：不使用的时候关掉	1 675	2
电水壶：不用时拔掉插头	2 360	10
淋浴：不让热水一直流	2 980	1
电热毯：设置温度调节	4 090	6
浴缸：不重复加热洗澡水	5 920	11

资料来源：根据 ECCJ（2010）及本次调查，作者制表。

额之间应该有很高的相关度。这是因为，如果家庭知道"不重复加热洗澡水"和"空调在不使用的时候关掉"两项节能行动各自的节约金额且机会成本一样，就会采取更节能的"不重复加热洗澡水"的节能行动。

这样分析的话，从表 9-2 中显示的全年节约金额和实施率顺序的不匹配关系中可以捕捉到的信息是，家庭可能没有正确认识到各项节能行动所节约金额的差异。Jensen（2008）也曾指出存在诸如此类的家庭态度和行动之间的差异。也就是说，家庭并不清楚自己能节约多少金额或者错误地认识了节约金额。例如，在向家庭提问"清洁空调滤网所能节约的金额和不让热水一直流所能节约的金额中哪个节能行动的煤电费节约额更大"这一问题时，大多数家庭可能回答后者更节约吧。

　　要使家庭正确认识节能行动所节约的金额，可以考虑智能仪表的使用。智能仪表作为智能网（下一代输电网）[①]的一环，今后有望得到普及，通过使用智能仪表能够促进煤电费的"可见化"[②]。智能仪表和以前的电器仪表不同，是兼备通信功能、电器的管理功能的新型双向通信型仪表。当然也取决于仪表的性能，通过把家用电器连接到智能仪表上，能够实时确认家庭的电力使用情况。也就是说，由于关电视、关空调等节能行动能够被及时地反映到智能仪表上，所以可以正确认识到家庭节能行动的节约金额。

　　日本各大电力公司正在展开智能仪表的应用试点。从2008年4月开始，关西电力就开始在日本国内率先进行应用试点，截至2010年4月，已经进行了大约37万台的安装调试。此外，九州电力从2009年11月开始进行应用试点，到2010年3月为止，已经完成了2万台的安装调试。东京电力从2010年10月开始，以东京都小平市、清濑市的约9万户家庭为对象，开始进行智能仪表的应用试点。另外，东北电力从2010年下半年开始以管辖区域内的2 000户家庭为对象，中部电力从2011年4月开始以1 500户家庭为对象，分别开始进行应用试点。北海道电力和四国电力先后从2011年、2012年开始进行应用试点。就这样，各电力公司都在朝着智能仪表安装调试的方向采取行动。

　　在行政管理方面，从2010年5月开始，日本资源能源厅召开了智能仪表制度讨论会，讨论关于仪表引入的计量法等制度层面、安装调试费用负担的理想状态等。据讨论会的资料记载，智能仪表有望带来的效果有"电力公司等业务效率提升""系统稳定""节能减排 CO_2 责任均摊"。如果为了在行政管理上取得这样的效果而利用补贴等以实现智能仪表的普及，那么，家庭行动也必定会随着智能仪表带来的能源使用情况的"可见化"而发生变化。也就是说，家庭有必要正确认识其自身的节能行动到底能节约

----

① 关于智能网，参见诸住（2010）。
② 关于欧盟各国的智能仪表相关政策，参见 Torriti 等（2010）。

多少能源。

　　为了验证智能仪表的功效性，在 Gleerup 等（2010）以德国的 1 452 个家庭为对象进行的实验中，将电力消费量以短信（SMS）或者电子邮件通知家庭，收到 SMS 的家庭比没有收到 SMS 的家庭一年中电力消耗量减少了 3%。而且，AllCott（2011）在美国也进行了类似的社会实验，实验结果是，收到短信的家庭比没有收到短信的家庭电力消耗量减少了 1.1% ~ 2.8%。在日本，智能仪表引入的应用试点刚刚开始，还没有关于智能仪表功效性的检验。期待今后在日本也能有智能仪表普及政策的成本效果或者成本收益等功效性检验的积累。

9.5　结语

　　本章关注在 GHG 排放抑制上没有进展的家庭部门，并讨论相关对策。具体来说，提出了家庭的节能行动，以琦玉县草加市的 1 200 个家庭为对象进行家庭调查，把握共计 14 个项目的节能行动实际情况，考察促进这些行动的政策。

　　通过分析回收的调查表发现，大多数家庭关心全球气候变暖问题。而且，在预防气候变暖这一问题上，家庭也感受到，不仅仅是产业界，从自身做起也是必要的。在家庭支出项目的节约中，煤电费的节约排在靠前的位置。这些方面显示出促进家庭部门削减 GHG 也就是采取节能行动的余地很大。

　　另外，询问各项节能行动的实施情况，发现不同节能行动的实施率不尽相同。特别地，可以清晰地看出，像"不让热水一直流"之类容易感受到节约的节能行动的实施率高，像"清洁空调滤网"之类难以感受到节约的节能行动的实施率低。

　　比较各项节能行动的节约金额和相应的实施率，可见其关联度较低。也就是说，虽然家庭对煤电费的节约较为关心，但没有优先执行节约金额较大的节能行动。虽然不同家庭实施各项节能行动的机会成本可能不同，但节约金额和实施率之间较低的相关度表明家庭没有正确认识到各项节能行动带来的节约金额。如果家庭正确认识各项节能行动的效果，实施率和节约金额的相关度应该很高。换句话说，正因为家庭较为关心煤电费的节约，所以节约金额较大的节能行动应当能够为大多数家庭所实施。

分析结果表明，有必要准确告知家庭各项节能行动分别能节约多少煤电费。为实现准确的信息传送，可考虑采用以下两个方法：

第一个方法是，通过广告广泛传播节能行动的相关信息。诸如环保积分、节能车减税等以节能机器的普及为目标的政策，或者用环保便签等节能机器传递信息的制度，在日本已经有很多。在环保积分终止期的2011年5月，大众媒体等曾争相报道，可以说大多数人非常了解这些制度。但是，关于实际节约的金额之类与节能行动相关的信息，却不如节能机器相关政策那样为家庭所周知。为了弥补这样的信息不对称，相关机构有必要更积极地宣传节能行动的相关信息。

第二个方法是，在各个家庭中安装像智能仪表这样的能够确认能源使用量、煤电费的机器。这意味着能源"可见化"。已有的研究指出，通过实施这类"可见化"，能够促进家庭节电。在日本，行政机构和各大电力公司已经开始采取行动，引进智能仪表。今后，有必要有效运用这两种方法，推进针对家庭的GHG抑制。

本章关注家庭的节能行动，讨论应该怎样促进节能。但是，讨论针对家庭的GHG抑制对策时，节能效果较好的家电的普及也是重要的方面。因此，为了促进家用节能电器的普及，什么样的政策是最好的，在第10章中将就这一问题进行讨论。

家庭节能投资和贴现率

浜本光绍

10.1 引言

　　一般地，与能源效率的改善或者节能相关的各种措施，会使企业的生产力提高或者使家庭支出节约。但是，即使存在有可能使生产力提高或者家庭开支节约的节能机会，企业或者消费者也不一定会加以有效利用。例如，在某一时点能使能源效率最大化的技术并没有被实际采用，或者最新节能技术未获普及等问题屡屡被提及。这些现象被称为"能源效率缺口（energy efficiency gap）"。

　　针对能源效率改善的潜在机会在现实中没有被利用的现象，传统经济学将其解释为企业或消费者合理选择的结果。也就是，即使存在能源效率改善的机会，由于某些原因，企业或消费者也认为，利用这些机会和自身利益并没有关系。这里最重要的是，需要明确利用节能机会的激励被哪些因素所破坏。因此，本章将针对节能投资过低的各种原因，在概述已有研究的同时展开讨论。然后，在此基础上，根据以琦玉县草加市为调查对象得到的调查数据，对家庭的节能投资行为进行实证分析①。在分析中，关

---

① 关于问卷调查的概要，参见本书第9章。

注决定家庭节能投资意向的重要因素——贴现率。具体来说，测量家庭在购买节能家电或者太阳能发电系统时使用的贴现率，并基于此推算购买节能家电、太阳能发电系统的追加费用。再运用该推算结果，考察全球气候变暖的政策措施带来的效果。

10.2 能源效率改善中投资过低的各种原因

石油危机时，原油价格高涨引发了节能投资，而市场机制恰好在某种程度上拥有对能源效率改善予以激励的功能。但是，民间部门的节能投资水平仍然较低。关于这一点，已有的研究指出了若干原因。

10.2.1 外部性

外部性是"市场失灵"的主要原因。能源效率改善带来的外部性之一，是环境污染问题的缓解。随着化石能源的使用，硫氧化物、氮氧化物等大气污染物和温室气体之一的CO_2被排放出来。如果因节能而使能源消耗量减少的话，这些物质的排放量就会得到抑制，大气污染带来的健康危害、酸雨、全球气候变暖等问题也会得到缓解。

但是，如果不引入适当的政策，伴随能源消耗而来的环境污染这种外部不经济，很难期待由经济主体来内部化。因此，在不存在使外部不经济内部化的政策措施的情况下，化石能源消耗过度，节能投资水平过低。

日本在大多数能源资源依赖国外进口的情况下，其国内的能源供应容易受到资源输出国的政治环境的影响，很有可能变得不稳定。这种能源安全保障方面的风险减少也应当被包含在能源效率改善带来的外部性中。但是，化石燃料的供给在很大程度上依赖于局势动荡的中东地区，企业或消费者在使用能源时几乎没有意识到这种政治风险吧。因此，虽然能源效率改善可以使化石能源消耗减少从而降低安全保障方面的风险，但是节能投资水平却依然过低[①]。

---

① 关于能源效率改善带来的外部性，参见 Tietenberg(2009)。

10.2.2　流动性约束

进行节能投资时资金是必要的，但并不是所有的企业、消费者都拥有充足的资金。就算有能源效率较高的技术或者节能效果较好的家电产品、汽车等，由于其价格普遍较高，初始投资的费用较高。这一点是阻碍对节能效果较好的技术、产品投资的主要原因。

初始投资所必需的资金可以通过借款备齐。但是，现实中资本市场不完全，并不是所有的企业、消费者都能够借入资金。这种"资本市场不完善"带来的流动性约束是导致能源效率改善投资过低的主要原因（Tietenberg，2009；Gillingham 等， 2009）。

10.2.3　与信息相关的问题

很多文献提出，阻碍能源效率改善的主要原因是与信息相关的问题。具体而言，包括以下四点：①信息不充分；②信息不对称；③委托-代理关系；④干中学（learning-by-using）（Gillingham 等， 2009）。

选择耗能产品时，关于哪个产品的节能性最优或者各个产品的节能性能如何等信息，企业、消费者往往无法充分了解。信息不充分不利于对使用能够带来能源效率改善的产品进行成本收益分析，从而阻碍节能投资。

产品的买方缺少能源效率相关的信息，而卖方充分掌握自己生产的产品在能源效率方面的信息。卖方或许会给买方提供产品节能性方面的相关信息，但对于买方来说，没有实际使用的话就无法考察产品的节能性。Howarth 和 Andersson （1993）对信息不对称带来的能源效率改善中的投资过低问题，通过模型分析使之清晰化。

经济主体间的委托-代理关系也是导致节能投资过低的主要原因。例如，出租公寓、写字间的房东（代理人）对自己所拥有的房屋有节能投资的决定权，而由租户（委托人）承担电费等能源成本。如果租户充分了解拟租住房屋的节能性，那么，即使房东为了提高节能性进行投资从而收取更高的租金，只要因租住节能性高的房屋而额外支付的费用有可能通过能源成本的节约来收回，租户也会租住这个房屋吧。这种情况下，房东为提高房屋的节能性而花费的成本也可以从租金中收回，由此便产生了进行节能投资的激励。但是实际上，租户对房屋的节能性并不完全掌握，对于高租金能否通过能源成本的节约来收回，无从判断。这种情况下，房东难以收回因节能投资而额外支付的费用。这样一来，房东的节能投资激励就被破坏了。

有关能源效率高的新产品的信息可以通过实际使用来传播。所以，对于早期引入、使用新产品的主体所掌握的该产品相关信息，其他主体在不必支付同等价钱的情况下就能使用。这体现出，干中学可以带来正的外部性。但是，就早期引入、使用的主体而言，虽然通过提供信息的形式给其他主体带来了收益，但没有得到等价的回报。这样一来，即使是能源效率高的新产品，想要在早期引入它的激励在社会层面上来看太低了。

10.2.4　关于贴现率

消费者购买节能性高的耐用品时需要额外支付的费用（节能性高的产品和节能性不高的产品的价格差异）如果低于将来节约的能源费用的现值，我们认为，消费者会决定购买该产品。具体如下（Meier和Whittier，1983）：

$$P_0 E \int_0^n e^{(f-r)t} \mathrm{d}t > I$$

式中，P_0 是能源价格的初始值；E 是每年的能源节约部分；r 是贴现率；f 是能源价格的年增长率；n 是使用年限；I 是购买节能性高的产品需要额外支付的费用。假设能源价格增长率是 0，使用年限足够长，上式可以写成：

$$r < P_0 E / I$$

该式意味着，只要能源效率改善投资的收益率不超过贴现率，消费者就不会购买节能性高的耐用品。针对高节能性家电消费者所进行的能源效率改善投资的实证研究也明确指出，其隐含贴现率（implicit discount rate）非常高。Hausman（1979）就购买室内空调的消费者行为的离散选择模型进行分析，得出的结论是消费者在做出购买决策时采用 20% 的贴现率。Gately（1980）对冰箱的购买行为进行分析，得出的贴现率从 45% 到

300% 不等。Meier 和 Whittier（1983）也对冰箱的购买行为进行了分析，得出的结论是 3/5 的冰箱消费者采用的贴现率超过 35%。Ruderman 等（1987）以室内空调、冰箱等各种产品为对象，对消费者所采用的贴现率进行推算，得到如下结论：与室内空调、中央空调约 20% 的贴现率相比，冰箱、冰柜和电热水器的贴现率都较高，分别为 78% ~ 105%、270% ~ 379% 和 587% ~ 825%。

Ruderman 等（1987）列举了消费者采用较高贴现率的几个因素，其中包括前面提到的信息不充分、流动性约束等。由此可以看出，这些因素对消费者购买决策的影响程度反映在消费者采用的隐含贴现率上。

关于贴现率的实证研究已被整理成报告的有很多，但这些研究资料难以获取的情况也不少。Train（1985）对贴现率进行了实证研究，调查发现，低收入者的贴现率较高，随着收入增加，贴现率逐渐降低[1]。Train 指出，其原因在于：一是低收入家庭面临的流动性约束的程度较强；二是低收入者的教育水平低，因而不能充分认识到由节能投资带来的能源相关支出的节约效果。

节能投资具有不可逆性，同时决定节约效果的未来能源价格具有不确定性。Hassett 和 Metcalf（1992）关注节能投资的特征，就消费者的贴现率进行模型分析，得出以下结论：考虑随着几何布朗运动的概率过程（geometric Brownian motion process）而变动的能源价格与不考虑该概率过程的能源价格相比，其贴现率更大。这意味着，未来能源价格的不确定性反映在贴现率的大小上。

正如上面分析的那样，消费者在做出节能投资决策时使用的贴现率大小，是信息问题、流动性约束、能源价格不确定性以及消费者自身属性等因素综合作用的结果。在实证讨论家庭节能投资行为时，测量该贴现率是必不可少的工作。

---

[1]　但是，Houston（1983）的实证研究不支持这种收入和贴现率之间的关系。

10.3 家庭节能投资行为的经济分析

10.3.1 调查概要

问卷调查中提出的问题，是模仿 Houston（1983）采用的方法，以测量贴现率为目的而设计的。并且，虽然对作为调查对象的空调和冰箱都进行了调查，但因为提出的问题相同，下面只显示空调调查的相关问题。

> 节能空调比非节能空调的成本高，但具有省电的优点。假设高节能空调比非节能空调价格高出 25 000 日元。而且，节能空调能够使用足够长的时间（使用年限足够长）。那么，一年最少节约多少电费，你才想购买节能空调？

向回答者提示的购买节能空调、节能冰箱需要额外支付的费用（空调 25 000 日元、冰箱 30 000 日元）是达到甚至超过节能标准的产品组和未完全达到节能标准的产品组的平均零售价格的差额。计算时，采用 2009 年 11 月价格网站上提供的空调（采用钢筋结构、面积为 9 个榻榻米（约 14.5 平方米）的房间的降温能力）和冰箱（容积为 350~450L）的相关价格数据。

使用回答上述提问的数值（S）和提示的额外支付的购买费用（R）的比率（S/R），作为主观贴现率。而且，运用下式，能够利用贴现率计算投资回收期（Ruderman 等，1987）：

投资回收期 $= (1/r)(1-(1/(1+r)^N))$

式中，r 为主观贴现率；N 为产品的使用年限。

接着，根据购买并使用节能空调、节能冰箱将在每年实际节约的电费，运用上面算出的主观贴现率折算成现值。该现值可以认为是家庭认可的"不后悔（no-regret）"投资额（I）。节约的电费数据和计算购买节能空调、节能冰箱额外支付的费用一样，从价格网站取得。R 与 I 的差值（$R-I$）被认为是家庭购买节能空调、节能冰箱额外支付的费用。而且，关于额外支付的费用，可以使用公式（$R-I$）$\times[i/(1-(1+i)^{-N})]$（i 为市场利率，N 为产品的使用年限）来表示年价（每年额外支付的费用）。

关于购买太阳能发电系统的问题，在问卷调查中，以拥有独栋房屋的家庭为对象设计了以下问题：

> 在输出功率为4kW的情况下，引入太阳能发电系统所必要的费用约为270万日元。系统安装完成后，不仅能节省电费，还能将剩余的电出售获利。那么，一年最少有多少收益，你才会想要安装太阳能发电系统？已经安装的家庭，请回答你所期望的收益。

采用与节能空调、节能冰箱同样的计算步骤，计算购买太阳能发电系统额外支付的费用。首先，根据针对上述问题回答的金额和安装费用（270万日元），计算出家庭的主观贴现率。接着，根据使用引入的太阳能发电系统而每年得到的收益，运用主观贴现率，折算成现值。该现值是家庭认可的不后悔投资额。

把从安装费用中减去该投资额后的数值作为家庭引入太阳能发电额外支付的费用（这里也可以用通过之前的公式计算的年金价值表示）。另外，上述计算中用到的安装费用、全年发电量等数据请参见NEDO（2008）。

10.3.2 主观贴现率和投资回收期的测算

表10-1列出了利用上述方法计算出的购买节能空调、节能冰箱及太阳能发电系统的家庭主观贴现率。从平均值来看，节能空调及冰箱的主观贴现率分别为50.8%、41.6%。由表10-2可知，对于节能空调、节能冰箱的投资成本，一般家庭希望用平均3年到3年半的时间收回。将10年作为空调和冰箱的使用年限、20年作为太阳能发电的使用年限，从而计算出表10-2中的数据。以上关于购买节能家电的较高的贴现率是整合Hausman（1979）、Gately（1980）、Meier和Whittier（1983）、Ruderman等（1987）而得到的结论。

表10-1 节能空调、节能冰箱及太阳能发电的相关贴现率（%）

	平均值	中位数	最大值	最小值
空调	50.8	40.0	360.0	1.0
冰箱	41.6	33.3	300.0	1.0
太阳能发电	3.8	2.0	55.6	0.1

资料来源：根据调查数据，作者制表。

表10-2 节能空调、节能冰箱及太阳能发电的相关投资回收期（年）

	平均值	中位数	最大值	最小值
空调	3.11	4.87	9.47	0.28
冰箱	3.57	4.90	9.47	0.33
太阳能发电	15.07	10.78	19.77	1.80

资料来源：根据调查数据，作者制表。

购买太阳能发电系统的家庭的主观贴现率远远低于购买节能空调、节能冰箱的家庭的主观贴现率。其原因可能是对太阳能发电进行提问的对象限定为拥有独栋房屋的家庭。图10-1显示了回答了太阳能发电相关问题的拥有独栋房屋的家庭的收入分布。图10-2显示了全体回答者的收入分布。比较图10-1和图10-2，可以发现回答太阳能发电相关问题的家庭大多数年收入在500万日元以上。正如Train（1985）指出的那样，通常认为收入越高的家庭，贴现率越低，所以收入较高的、拥有独栋房屋的家庭的贴现率较低。但是，仅仅用与收入之间的关系来解释太阳能发电的低贴现率，其与节能空调、节能冰箱的差异未免太大了。关于这一点，就太阳能发电系统这种耐用品而言，家庭从一开始就预计到投资收回期较长，这一背景或许也产生了一定的影响。

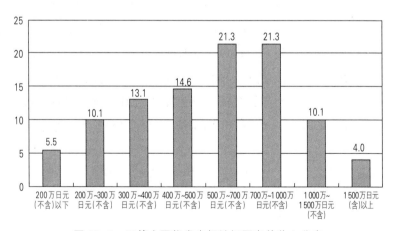

图10-1　回答太阳能发电相关问题者的收入分布

注：样本数为排除无回答后的328个家庭。

资料来源：根据调查数据，作者制图。

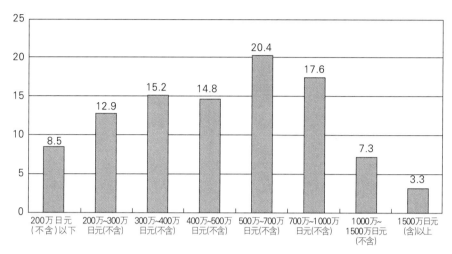

图 10-2 所有回答者的收入分布

注：样本数为排除无回答后的328个家庭。

资料来源：根据调查数据，作者制图。

10.3.3 额外支付的费用的测算

在此，运用主观贴现率的家庭平均值，计算购买节能空调、节能冰箱及太阳能发电额外支付的费用。计算的前提如下：假设节能空调和非节能空调的产品差价是 25 000 日元，全年节约的电费是 3 400 日元。代入贴现率的平均值 50.8%、电价、23 日元/kWh、市场利率 5%、使用年限 10 年、CO_2 排放系数 0.418 进行计算。假设节能冰箱和非节能冰箱的产品差价是 30 000 日元，全年节约的电费是 2 300 日元。代入贴现率的平均值 41.6% 进行计算，电价、市场利率、使用年限、CO_2 排放系数与空调相同。关于太阳能发电，假设安装费用是 270 万日元、全年发电量是 3 200kWh，节约的电费是 73 600 日元（电价按 23 日元/kWh 计算）[1]。代入贴现率的平均值 3.8%、使用年限 20 年进行计算，市场利率、CO_2 排放系数与空调、冰箱相同。

----

[1] 调查问卷中设计了询问分季节每月的电费项目,从回答中计算出拥有独栋房屋的家庭的全年电费平均值,得到的数值超过了由于引入太阳能发电而节约的电费。因此,就算引入太阳能发电,也不会有剩余的电量,此处的测算是在这个前提下进行的。

在以上的前提下计算额外支付的费用，得到的结果是：空调38.6日元/kg-CO_2、冰箱76.3日元/kg-CO_2、太阳能发电100.7日元/kg-CO_2。这些数值代表了通过节能投资实现的CO_2减排所产生的费用，因此，可以将这些数值看作与节能投资相关的每削减1千克CO_2产生的费用。节能投资带来的每户家庭的全年CO_2削减量如下：空调为6.2kg，冰箱为4.2kg，太阳能发电为492.2kg。然后，假设全年购买1台空调、冰箱的家庭占到总体的10%，拥有独栋房屋但没有引入太阳能发电的家庭占到总体的36.8%，分别计算出家庭平均CO_2削减量。36.8%这个数值的含义是有可能购买太阳能发电的家庭比例，通过如下计算得到：问卷调查中，拥有独栋房屋的家庭占比77.8%，但根据总务省统计局（2005）的数据，草加市拥有独栋房屋的家庭（相对于居民住宅总数）比例是38.3%。可见，样本和实际拥有独栋房屋的家庭比例有很大偏差。考虑到这一点，将拥有独栋房屋的家庭中还没有引入太阳能发电的家庭比例（使用问卷调查中得到的数据）和拥有独栋房屋的家庭比例38.3%相乘，得到的数值为36.8%。

10.4 政策措施带来的节能投资促进效果

10.4.1 碳价格的设定

碳税或者排放量交易制度这种碳价格政策能够在多大程度上诱发节能投资呢？以前一节的结论为基础，下面就这一问题进行考察。设定碳价格会提高电费，从而提高了购买、使用节能家电带来的电费节约效果。但是，在决定购买节能家电时，消费者会根据使用的贴现率求得全年节约的电费现值，比较该现值和购买节能家电额外支付的费用。当全年节约的电费现值超过额外支付的费用时，消费者选择购买节能家电。

根据以上结论，将碳价格设定为100日元/kg-CO_2。购买节能空调额外支付的费用是13.5日元/kg-CO_2，购买节能冰箱额外支付的费用是46.2日元/kg-CO_2，两者额外支付的费用仍然是正值。将碳价格从100日元开始提高，测试每千克CO_2平均额外支付的费用变成负数的水平，结果见表10-3和表10-4。根据这两个表可知，只有当碳价格分别达到154日元/kg-CO_2、

254日元/CO$_2$时，相应的节能空调、节能冰箱所需额外支付的费用开始变为负数。

表10-3　　　　碳价格设定和购买节能空调额外支付的费用　　　　单位：日元

碳价格（每千克CO$_2$）	节约额现值	每千克CO$_2$平均额外支付的费用
100	18 546	13.526
150	24 528	0.989
153	24 887	0.236
154	25 007	−0.014

资料来源：作者制表。

表10-4　　　　碳价格设定和购买节能冰箱额外支付的费用　　　　单位：日元

碳价格（每千克CO$_2$）	节约额现值	每千克CO$_2$平均额外支付的费用
100	15 096	46.175
200	24 834	16.004
253	29 995	0.014
254	30 093	−0.287

资料来源：作者制表。

当每千克CO$_2$平均额外支付的费用为负数时，准备购买空调、冰箱的家庭（全年所有家庭的一成）会选择节能产品，而不会选择非节能产品。家庭全年平均CO$_2$排放量削减了10.4kg-CO$_2$。2010年6月1日，居住在草加市的家庭有105 273户，因此，所有家庭的总削减量大约为1 091t-CO$_2$。这意味着，与2007年草加市家庭部门的CO$_2$排放量317 364t-CO$_2$相比，有望实现0.34%的减排效果[1]。

接下来对由碳价格设定带来的引入太阳能发电的促进效果进行分析。

———————————

[1]　关于2007年草加市家庭部门的CO$_2$排放量数据，参见环境自治体会议编（2010）。

设定碳价格时，由引入太阳能发电带来的电费节约效果增加了。当全年电费的节约部分的现值超过安装太阳能的费用时，消费者就会认为，引入太阳能发电系统是划算的。根据碳价格水平的不同，太阳能发电相关的每千克CO_2平均额外支付的费用是怎样变化的？对此进行分析，结果见表10-5。从表中可知，为了让消费者认识到引入太阳能发电系统是划算的，有必要将碳价格设定为91日元/kg-CO_2。

表10-5   碳价格设定和引入太阳能发电额外支付的费用   单位：日元

碳价格（每千克CO_2）	节约额现值	每千克CO_2平均额外支付的费用
90	2 693 230	0.460
91	2 711 801	−0.708

资料来源：作者制表。

当每千克CO_2平均额外支付的费用为负数时，极大地推进了太阳能发电的安装。假设有可能引入太阳能发电的家庭全部安装的话，则草加市的所有家庭共削减51 820t-CO_2，该数值相当于2007年草加市家庭部门的CO_2排放量的16.3%。

通过以上分析可见，为了促进节能空调、节能冰箱的购买，有必要将碳价格设定在较高的水平上。碳价格154日元/kg-CO_2或者254日元／kg-CO_2相当于每吨CO_2的价格水平为154 000日元或者254 000日元。而为了促进太阳能发电的引入，必须将碳价格水平设定为91 000日元/t-CO_2。虽然这一碳价格水平相当高，但与促进节能空调、节能冰箱的购买所必须设定的碳价格水平相比则较低。直观上看，为了促进需要大额初期费用的太阳能发电的引入，设定的碳价格有必要高于节能家电的水平。然而，这里分析得到的结果却和直观上的结论有所差异。导致这种差异的主要原因在于消费者使用的贴现率不同。由于碳价格的设定，消费者对将来发生的电费节约效果的增加部分进行了折现。节能空调、节能冰箱的平均贴现率分别为50.8%和41.6%，引入太阳能发电时采取的平均贴现率为3.8%。即使由于碳价格的设定使得全年电费的节约部分增加了，消费者所认识到的节约效果在贴现率较大的情况下还是大幅降低了。由于与引入太阳能发电时的贴现率相比，购买节能空调、节能冰箱的贴现率非常大，因此设定碳价格的效果大幅受损。

10.4.2　太阳能发电的电力固定价格收购制度

近年来，对用可再生能源发电的电力采用固定价格收购制度的关心程度不断高涨。德国等欧洲国家已经引入此类制度，日本在2011年8月26日发布了《电力事业者新能源利用特别措施法》（自2012年7月1日起施行）。在此之前，日本从2009年11月开始施行太阳能发电的剩余电量收购制度，不足10kW的生活用电的收购价格被设定为48日元/kWh（适用期为10年）[①]。

这里，假定采取太阳能发电全部以固定价格收购（收购期间与使用年限均为20年）的政策措施，分析其效果。引入这种全部收购制度后，通过安装太阳能发电，出售电力，从而能赚取收入。如果出售电力赚取的全年收入现值超过太阳能发电的安装费用，消费者会认为引入太阳能发电是划算的。假设收购价格是48日元/kWh，额外支付的费用是34日元/kg-CO_2。随着收购价格水平的变化，太阳能发电相关的每千克CO_2平均额外支付的费用将怎样变化？针对这一问题进行调查发现，当收购价格上升到61日元/kWh时，额外支付的费用为负数。收购价格和额外支付的费用之间的关系见表10-6。

表10-6　　　　　　　太阳能发电的电力全部收购制度效果　　　　　　单位：日元

收购价格（每kWh）	售电收入现值	每千克CO_2平均额外支付的费用
48	2 132 548	34.041
60	2 665 685	2.059
61	2 710 113	-0.607

资料来源：作者制表。

---

①　2011年，太阳能发电的剩余电量收购制度中的收购价格被修改并于同年4月开始适用，即不足10kW的生活用电的收购价格是42日元/kWh。

10.4.3 节能投资补贴、碳价格设定和全部收购制度的政策组合

如上所述，仅仅依靠碳价格来促进节能投资的话，只能得到高额的碳价格。但是，如果配合使用能够降低节能投资初期费用的政策措施，可能会使必要的碳价格水平降低。同样，如果同时使用全部收购制度和促进太阳能发电引入的措施，可能会使收购价格水平降低。在此，假定把对节能投资予以补助及实行碳价格设定、全部收购制度进行组合，则必要的最低补助金额将会随着碳价格、收购价格的设定水平变化而发生怎样的变化呢？下面对此进行考察。

随着碳价格的上升，对于家庭来说，不后悔投资额（I）增加。由此，节能投资的额外负担（R）和投资额（I）的差额（$R-I$）减少。$R-I$可以看作促进节能投资必要的最低补助金额。图10-3、图10-4、图10-5分别描述了节能空调、节能冰箱、太阳能发电相关的碳价格和最低补助金额之间的关系。这些图形中的直线表示，当碳价格从某一水平下降一定金额时，为了维持促进节能空调、节能冰箱的购买及太阳能发电的引入效果，必须提高多少最低补助金额。例如，碳价格水平在10日元/kg-CO_2的情况下，为了促进节能空调、节能冰箱的购买，必要的最低补助金额分别是每台17 221日元和23 668日元。另外，为了促进太阳能发电的引入，必要的最低补助金额是每千瓦373 111日元。当碳价格降低到5日元/kg-CO_2时，为了促进节能空调、节能冰箱的购买以及太阳能发电的引入，必要的最低补助金额分别是17 819日元、24 155日元和396 325日元。与碳价格为10日元/kg-CO_2时的情形相比，补助金额分别上升了3.5%、2.1%、6.2%。与节能空调、节能冰箱相比，随着碳价格的下降，太阳能发电最低补助金额的上升幅度较大，理由如下：由于消费者对太阳能发电采用的贴现率较低，碳价格设定的效果比节能空调、节能冰箱要好。因此，当碳价格下降时，为了替代其效果，必要的补助的增量也将变大。

接下来，就全部收购制度和对引入太阳能发电给予补助的政策组合，进行与以上相同的研究。在实施政策组合的情况下，考察必要的最低补助

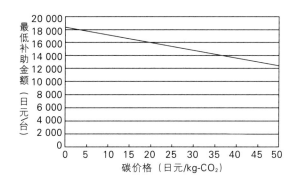

图 10-3　碳价格设定和补助：节能空调

资料来源：作者制图。

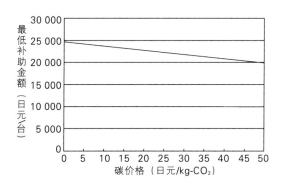

图 10-4　碳价格设定和补助：节能冰箱

资料来源：作者制图。

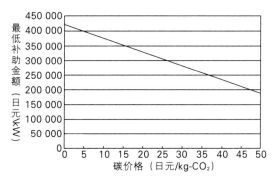

图 10-5　碳价格设定和补助：太阳能发电

资料来源：作者制图。

金额随着收购价格设定水平的变动而发生的变化。结果如图10-6所示[①]。根据该图,当收购价格为48日元/kWh时,每输出1千瓦的最低补助金额为141 863日元。但是,当收购价格下降到30日元/kWh时,每输出1千瓦的最低补助金额变为341 790日元。也就是说,当收购价格从48日元/kWh下降到30日元/kWh时,最低补助金额上升了140.9%。随着收购价格的下降,为了促进太阳能发电的引入,必要的最低补助金额大幅增加的理由如下:正是因为针对太阳能发电采用的贴现率较低,引入全部收购制度的促进效果才较好。因此,收购价格下降时,为了代替其效果,必要的补助的增量也变大了。

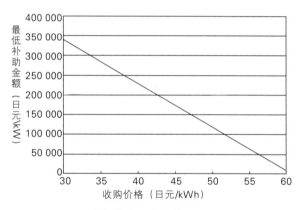

图 10-6　全部收购制度和补助:太阳能发电

资料来源:作者制图。

10.5　结语

如本章分析所示,如果通过碳价格设定来促进家庭节能空调、节能冰箱的购买,154～254日元/kg-CO₂的价格设定是必要的。这相当于每吨CO_2

---

① 在此,以电费不超过30日元/kWh为前提,考察了收购价格为30日元/kW以上的情形。

的金额为 154 000～254 000 日元。而促进家用太阳能引入所必要的碳价格是 91 日元/kg-CO_2，其价格水平比节能空调、节能冰箱要低。这些结果和消费者采用的主观贴现率大小密切相关。

如果通过全部收购制度促进家用太阳能发电的引入，那么，有必要将收购价格设定在 61 日元/kWh 以上。然而，在收购费用需要通过提高电费来维持的情况下，收购价格就不得不在权衡促进太阳能发电的引入效果和消费者负担的基础上进行设定。61 日元/kWh 的收购价格应该是与家用太阳能发电大幅范围普及相关的收购价格最大值。

通过对碳价格设定和补助的政策组合进行考察发现，消费者采用的贴现率较大的节能空调、节能冰箱，其碳价格设定的效果较弱，相对而言补助政策则可能有效地促进购买。但是，关于促进购买节能设备的措施有必要指出的是，区分即使没有补助也会进行节能投资的主体和没有补助就不进行节能投资的主体存在难度，因此，对于补助并非必要的消费者来说，给予补助是财政资金的一种浪费。

根据以上分析，政策措施能否降低消费者的主观贴现率，这是值得讨论的。信息问题、流动性约束、能源价格的不确定性以及消费者自身属性等因素产生的影响程度反映在消费者节能投资决策中所使用的贴现率大小上。重要的是，要验证这些因素对贴现率大小产生了多大程度的影响。这是因为，如果有可能通过某些政策措施对严重影响贴现率的因素进行干预，那么，通过采用这些政策措施，就能够有效促进消费者的节能投资。关于这方面的考察将是今后的研究课题。